난 알아요!

# 3D로 배우는 신나는 입체도형

김종성 · 박주현 지음

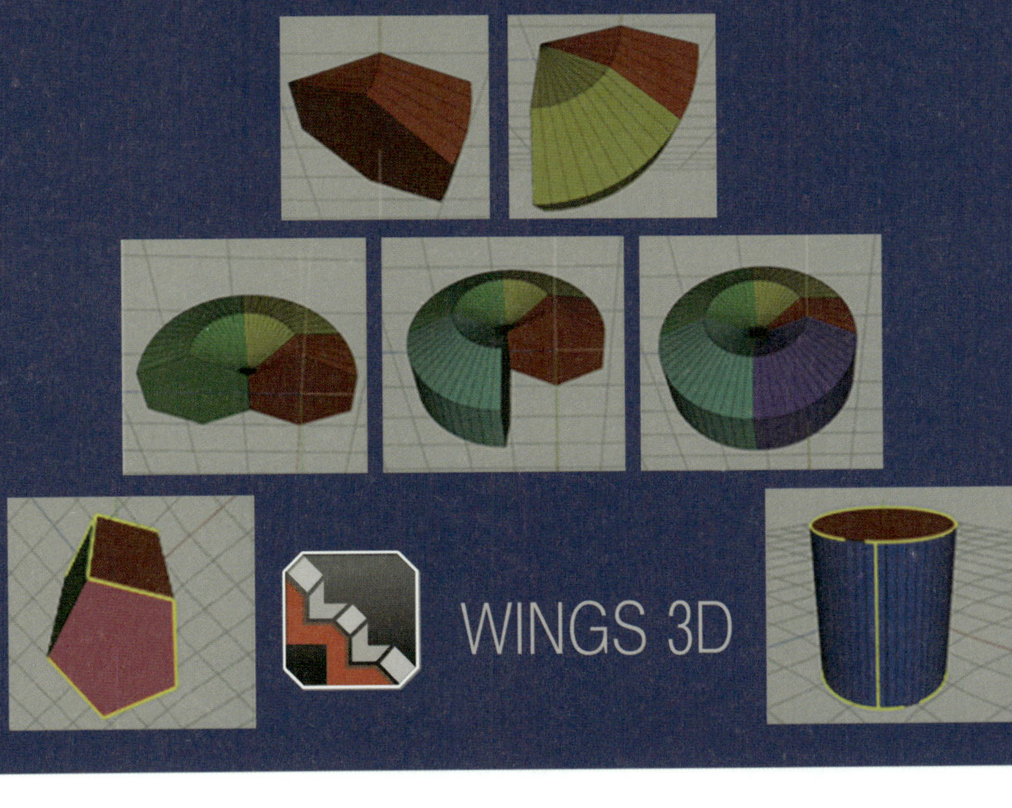


KM 경문사

# 서 문

공간개념은 교수가 된 후에도 변함없이 날 괴롭힌다. 눈으로 직접 보고서도 이해하기 어려운 복잡한 물체의 동작을 그림만 보고 3차원 형상은 물론 그 기능과 동작까지를 척척 유추해 내는 사람들이 내겐 그저 신기함의 대상이다.

공간개념과 창의성 사이의 연관성을 입증하는 수많은 연구 결과가 말해 주듯이 창의력이 미래를 짊어지고 나갈 세대에게 얼마나 중요한지는 아무리 강조해도 지나치지 않을 것이다. 이미 폭발적인 기술 발전은 상상하는 거의 모든 것을 바로 현실이 되게 하고 있으며 미래에는 지식보다 상상력이 훨씬 중요하다고 설파한 아인슈타인 박사의 예언은 현실이 된지 오래이다.

선진국과 그렇지 못한 나라를 결정하는 중요한 요인 중 하나는 **What**과 **How**의 차이가 아닐까? 창의력의 중요함을 아는 것이 What이라면 어떻게 하면 창의력을 키울 수 있는가는 How가 될 것이다. 공간개념이 우수한 어린이가 창의력도 뛰어나다면 거꾸로 어릴 때부터 공간개념을 키울 수 있도록 도와주면 창의력 계발에 도움이 되지 않을까? 답이 있는 문제만 빠르게 풀 줄 아는 아이들로 키울 것인가? 아니면 스스로 고민하며 성장할 수 있는 기회를 부여할 것인가?

**"말과 글로 힘들게 설명하는 대신 3D로 보여줄 수 있다면 이해하기 쉽지 않을까?".** 이 의문이 책을 쓰게 된 동기였다. 특히 나 자신처럼 공간개념이 부족한 어린이들을 위해서.

이 책은 초등학교 5,6학년 방과 후 학습용으로 만들었으며 수학 교과 입체 도형에 관한 내용만을 다루고 있다. 단순히 교과서의 내용을 3D로 보여주는 데 국한하지 않고 어린이들이 직접 도형을 만들어 보고 가상공간에서의 조작을 통해 **"이게 입체도형이구나"** 하는 것을 스스로 느낄 수 있게 하였다. 그렇지만 어린이들이 책의 내용을 활용하는 데 필수적인 Wings3D 사용법과 교과의 내용을 전달하는 것은 전적으로 선생님들의 몫이다. 3D SW를 이용한 수업 역시 성공 여부는 도형 학습을 맡게 될 교사들에게 달려 있다고 해도 과언이 아니다.

초등학교 5-6학년 수학 교과 입체도형 관련 내용을 좀 더 쉽게 가르치는데 작은 도움이라도 되었으면 하는 마음, 공간개념만 알면 되는데 이게 어려워서 수학을 포기할 수도 있는 어린이들에게 징검다리가 될 수 있다면 얼마나 좋을까 하는 마음으로 책을 쓰고 Wings3D를 이용하여 시뮬레이션을 하고 동영상을 만들었다. 교과서의 내용을 디지털 매체로 옮겨 단순히 반복하는 것이 아니라 아이들 스스로 입체도형을 만들고 하나씩 바꾸어 나가는 과정을 통해 암기력 보다는 입체도형의 원리와 재미를 느끼도록 하는 것이 이 책의 가장 중요한 목적이다.

2017년 Google 발표에 의하면, Wings3D는 아주 단순하지만 3D 기반 교육을 선도하는 미국에서 가장 널리 사용되는 25종류의 그래픽 SW에 포함될 만큼 우수한 SW이다.

아이들이 책에 수록된 Wings3D의 기능만 사용할 수 있다면 입체도형과 연관된 대부분의 어려움을 스스로 해결할 수 있을 것으로 기대한다. 아이들이 무엇은 할 수 있고 어떤 것은 할 수 없는지 함부로 단언하는 대신 그들에게 적합한 도구를 알려주고 제대로 사용하는 법을 가르친 다음 기다리는 것이 선생의 역할이 아닐까 싶다.

이 책을 내는데 여러 사람의 도움을 받았다. 책에 수록된 대부분의 시뮬레이션을 담당한 공동저자 박주현 씨, 10여 년 전 석사과정을 이수하며 인터넷에서 오픈소스 그래픽 SW인 Wings3D를 찾아 저자와 함께 매뉴얼을 만들고 3D 시뮬레이션을 했던 이중석 씨, 교정 작업 및 인쇄와 관련한 서류작업을 해준 정진우 씨에게 신세를 졌다. 이 책이 출판되도록 도와주신 테크미디어 송영수 사장님, 예림 인쇄소 및 경문사 사장님께도 감사의 말을 전한다.

누구보다 깊이 감사해야 할 사람은 바로 사랑하는 아내 백명옥 님이다. 3차 신경통으로 인한 지옥 같은 시간을 견딜 수 있었던 것도, 이 책을 쓸 수 있게 된 것도 그이가 아니었으면 불가능했을 것이다. 철없는 사람을 사십 년간 한결같이 지켜주는 사랑과 정성에 그저 미안하고 고마울 따름이다.

수년간 3D 영상 기반의 학습 교재에 관한 연구를 해오면서도 게으른 탓에 책 출판은 미루어 왔는데 비록 작지만 의미 있는 결과물을 만들어 나름 뿌듯하다. 이를 계기로 “새해에는 풍력발전기와 항공기 연소실, 거북선과 첨성대에 관한 연구 결과도 출판해야지” 다짐해 본다.

3.1운동 100주년이 되는 해, 아름다운 5월에

생각만으로 미소가 피어나는 손녀, ‘한아’와 ‘아라’를 그리며

## Wings3D?

- 스웨덴의 프로그래머 Bjorn Gustavssom이 개발
- 공개 3D소프트웨어로 강력한 모델링 기능을 제공
- 작은 사이즈의 가벼운 소프트웨어
- Windows, MAC OS, Lilux의 다양한 운영체제 지원
- 소스공개로 지속적인 업데이트

# ※ 목차

⊙ Wings3D의 설치 ······ 1

**제1장. Wings3D의 기본 구성 ······ 7**

**제2장. 메뉴바(Menu Bar) ······ 9**

1) File (파일 관리 메뉴) ······ 10
2) Edit (편집 메뉴) ······ 11
3) View (시점 메뉴) ······ 11
4) Select (객체 선택 메뉴) ······ 16
5) Tools (도구 메뉴) ······ 29
6) Window (창 메뉴) ······ 31
7) Help (도움말 메뉴) ······ 34

**제3장. 아이콘바(Icon Bar) ······ 35**

**제4장. Wings3D의 기본 조작 ······ 41**

1) 객체 만들기 ······ 42
2) 선택 모드 설정에 따른 객체 선택 ······ 43
3) 객체의 선택과 해제(Faces 모드일 때) ······ 44
4) 시점을 변경하여 관찰하기 ······ 45

**제5장. Wings3D를 활용한 입체도형 만들기 ······ 47**

1) 입체도형 만들기 ······ 48
① 직육면체 만들기 ······ 48
② 정육면체 만들기 ······ 49
③ 삼각기둥 만들기 ······ 50
④ 사각기둥과 오각기둥 만들기 ······ 51

⑤ 육각기둥과 원기둥(원통) 만들기 ······ 52
⑥ 삼각뿔 만들기 ······ 53
⑦ 사각뿔과 오각뿔 만들기 ······ 54
⑧ 원뿔 만들기 ······ 55
⑨ 구 만들기 ······ 56
2) 입체도형 겨냥도 ······ 57

**제6장. 입체도형 전개도 만들기 ······ 59**
1) 정육면체의 전개도 ······ 60
2) 직육면체의 전개도 ······ 63
3) 삼각뿔의 전개도 ······ 73
4) 원뿔의 전개도 ······ 78
5) 오각기둥의 전개도 ······ 82
6) 원기둥의 전개도 ······ 86
7) 직육면체의 여러 가지 전개도 ······ 90

**제7장. 입체도형과 관련한 연산 ······ 97**
1) 모서리 길이 측정하기 ······ 98
2) 겉넓이, 둘레, 부피와 꼭짓점, 모서리, 면의 개수 ······ 99
3) 직육면체의 겉넓이 구하기 ······ 102
4) 직육면체의 부피 구하기 ······ 110

**제8장. 회전체 만들기 ······ 115**
1) 원기둥 만들기 ······ 116
2) 원뿔 만들기 ······ 120
3) 구 만들기 ······ 124
4) 육각형을 회전시키면 어떤 모습이 될까요? ······ 128

⊙ **색인** ······ 131

# Wings3D의 설치

## ⊙ Wings3D의 설치

① Wings3D의 공식 홈페이지(http://www.wings3d.com/)에서 우측 상단의 Download 메뉴를 클릭한다.

② Download 메뉴 아래에 Stable Release 2.1.5 버전을 사용자의 OS에 맞게 선택하여 클릭한다.

③ 인터넷 창에 위와 같이 다운로드 창이 생성되면 실행(R)을 클릭한다.

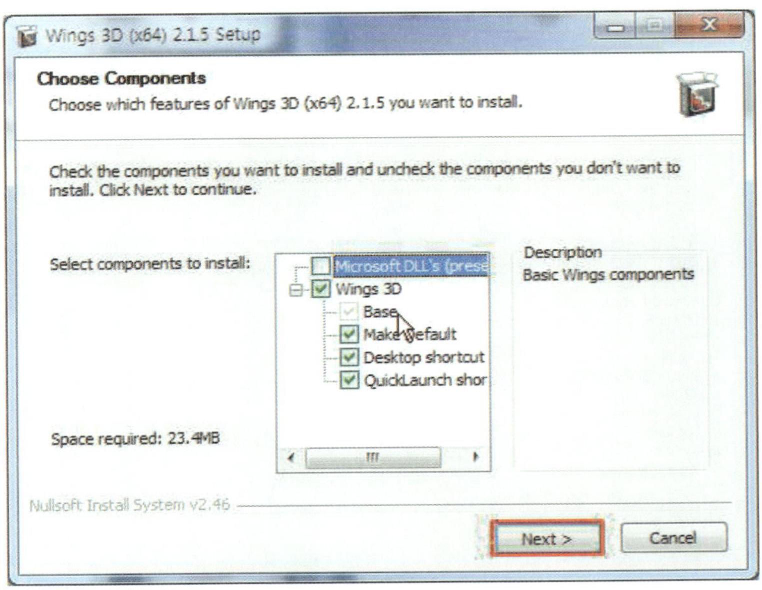


④ 다운로드 완료 후 설치창이 뜨면 설치할 프로그램 목록을 확인하고 Next>를 클릭한다.

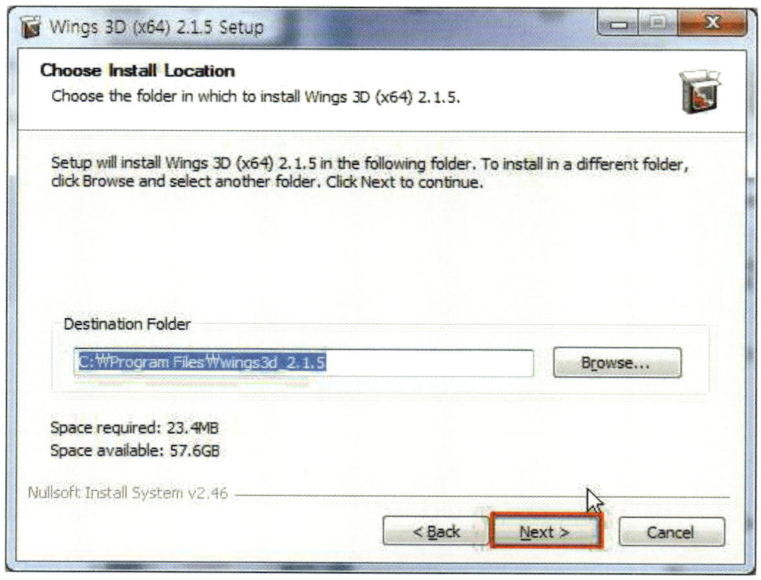


⑤ 설치할 경로를 확인하고 Next>를 클릭한다.

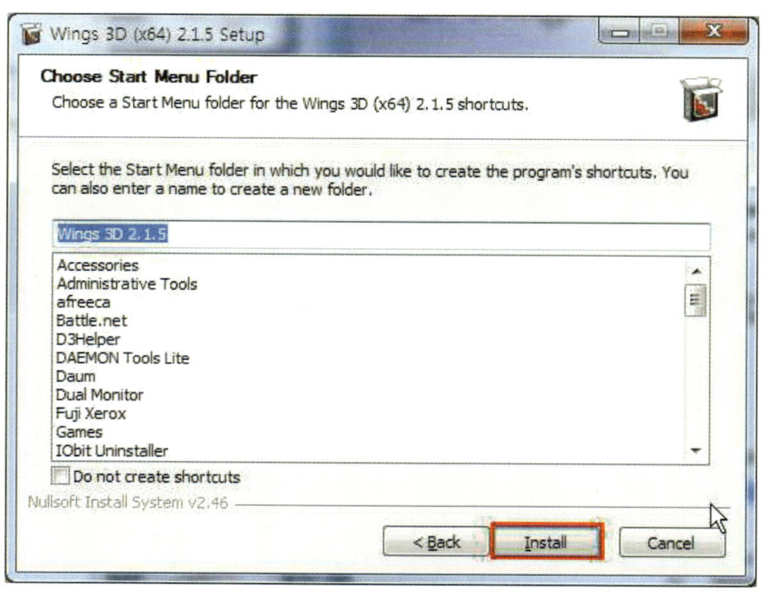


⑥ 시작 메뉴에 생성할 메뉴 폴더 이름을 확인하고 Install을 클릭한다.

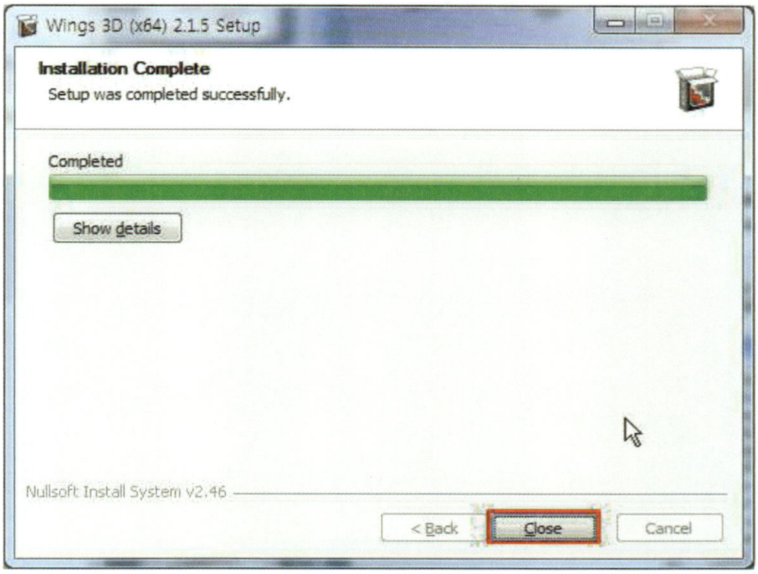


⑦ 설치가 완료되면 Close를 클릭한다.

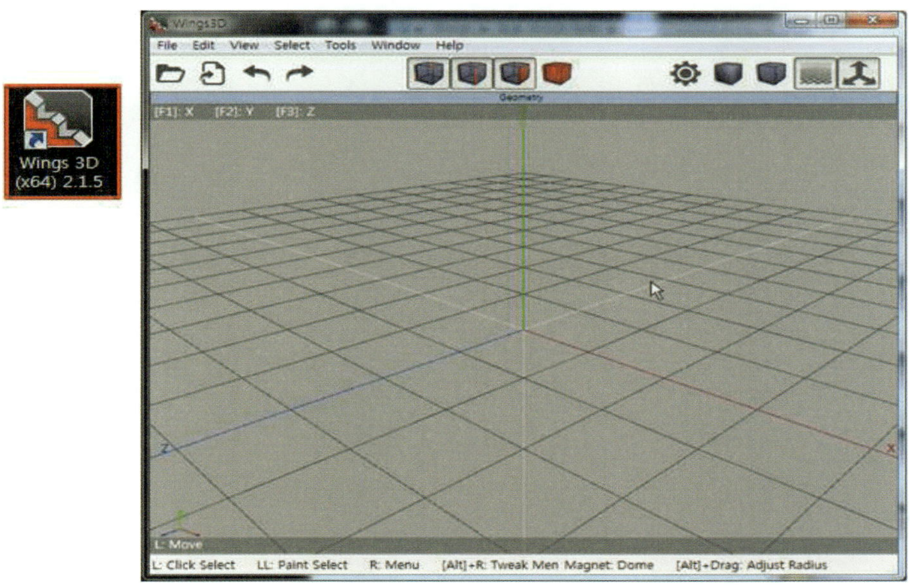


⑧ 바탕화면에 Wings3D 2.1.5를 더블 클릭하면 Wings3D프로그램을 실행할 수 있다.

# 제 1 장

# Wings3D의 기본 구성

## 1. Wings3D의 기본 구성

1) 메뉴 바

Wings3D를 조절하고 제어하기 위한 메뉴 모음

2) 아이콘 바

그림으로 표현한 자주 사용되는 Wings3D의 메뉴 모음

3) 메인화면

도형을 조작할 수 있는 일종의 작업 창

4) 상태 바

현재 진행되고 있는 명령어 표시

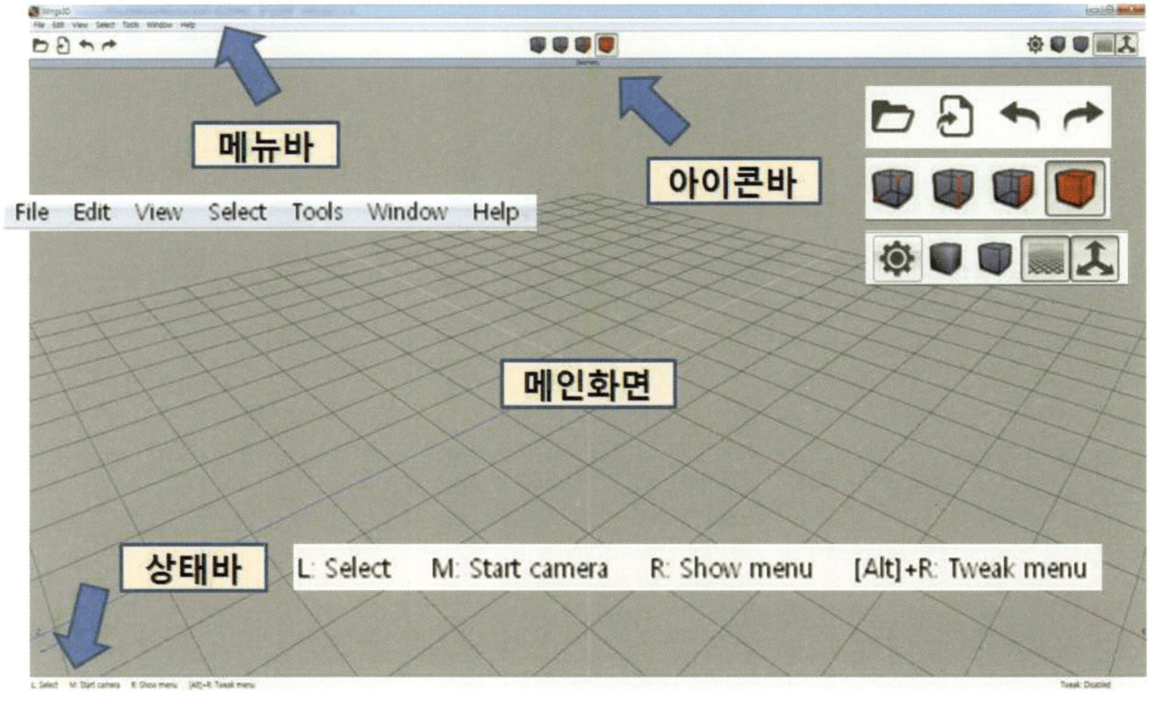

# 제 2 장

# 메뉴바(Menu Bar)

## 2. 메뉴 바(Menu Bar)

### 1) File (파일 관리 메뉴)

| 명 령 어 | 설 명 |
|---|---|
| New | 새 작업 (Ctrl+N) |
| Open | *.wings 파일 불러오기 (Ctrl+O) |
| Merge | 현 작업창에 파일 붙여넣기 (Ctrl+L) |
| Save | 저장하기 (Ctrl+S) |
| Save As | 다른 이름으로 저장하기 (Ctrl+Shift+S) |
| Import | 다른 포맷파일을 불러오기 |
| Export | 다른 포맷파일로 변환하기 |
| Import Image | 이미지를 불러오기 |
| Render | 렌더링 |
| Exit | Wings 3D 종료 (Ctrl+Q) |

※ 렌더링 : 컴퓨터 그래픽, 특히 3차원 그래픽에서 화면에 나타낸 물체의 각 면을 적절하게 색칠하고 여러 가지 효과를 부가하여 화상의 실체감을 강조하는 작업.

## 2) Edit (편집 메뉴)

| 명 령 어 | 설 명 |
|---|---|
| Undo/Redo | Undo와 Redo의 반복 (Ctrl+Z) |
| Redo | 작업복구 (Ctrl+Shift+Z) |
| Undo | 작업취소 (Ctrl+Alt+Z) |
| Repeat | 이전에 한 작업을 반복 (Ctrl+D, D, Shift+D) |

## 3) View (시점 메뉴)

| 명 령 어 | 설 명 |
|---|---|
| Wireframe | 객체의 질감을 빼고 선만 보이게 함 |
| Shade | 객체의 질감을 나타냄 |
| Toggle Wireframe | Wireframe모드와 Shade모드 반전(W) |
| Show Edges | 선을 보이게 하거나 감추기 |
| Workmode | Flat shading ↔ Smooth Shading (Tab) |
| Orthographic view | 직각시점으로 보기 (O) |
| Reset view | 시점 초기화 (R) |
| Highlight Aim | 마우스가 위치 하고 있는 객체 중심으로 카메라 초점 정렬 (A) |
| Frame | 선택된 객체를 화면에 꽉 차게 정렬 (Shift+A) |
| View Along > X, Y, Z<br>-X, -Y, -Z | 선택된 축으로 시점 정렬 >X축(X), Y축(Y), Z축(Z)<br>-X축(Shift+X), -Y축(Shift+Y), -Z축(Shift+Z) |
| Auto Rotate | 자동으로 천천히 회전(U) |

◎ 기본 시점이 되는 축의 방향

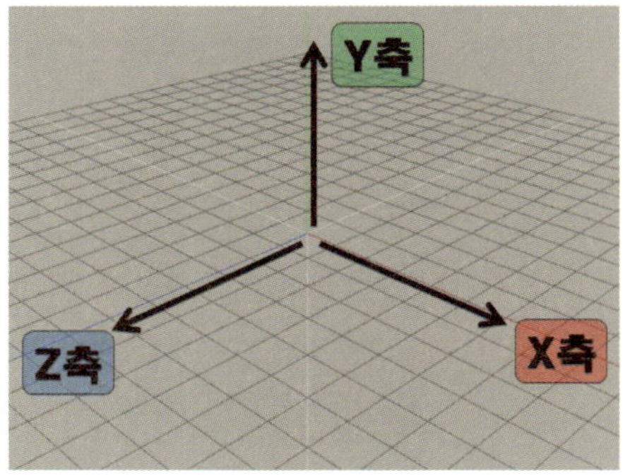


※ 상세 보기

◎ Wireframe : 객체의 질감을 빼고 윤곽선만 보이게 하는 기능이다.

ㄴ ⌨[W]를 이용해서 Toggle이 가능하다.

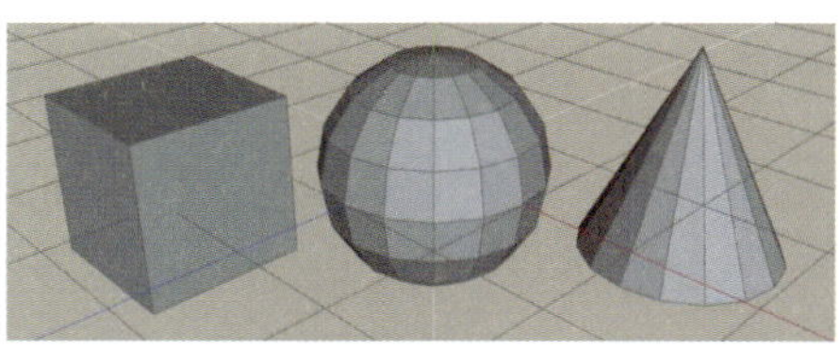

[적용 전]

⇒

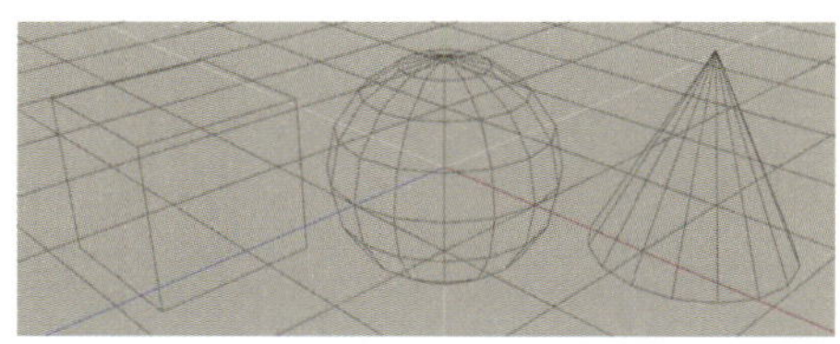

[적용 후]

◎ ShowEdges : 객체의 윤곽선을 보이게 하거나 사라지게 하는 기능이다.

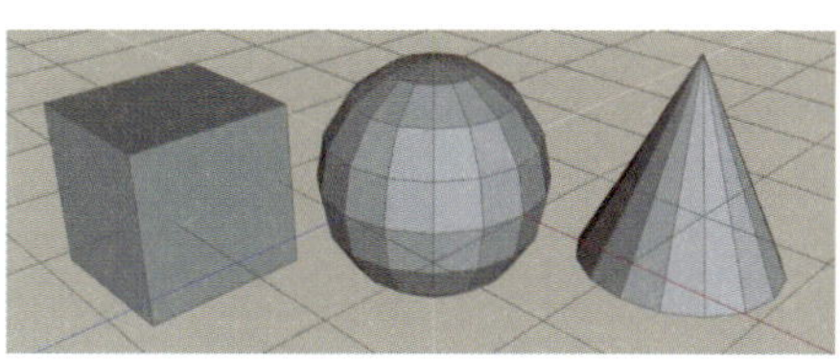

[적용 전]

⇒

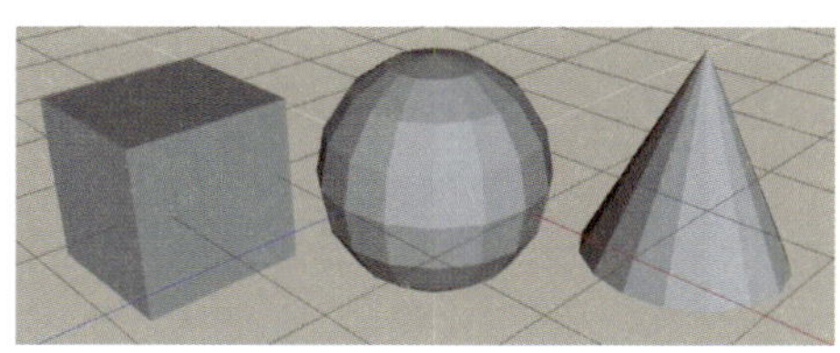

[적용 후]

◎ Workmode : 작업 중인 객체의 출력 형태를 미리 보는 기능이다.

ㄴ [(TAB)]를 이용해서 Toggle이 가능하다.

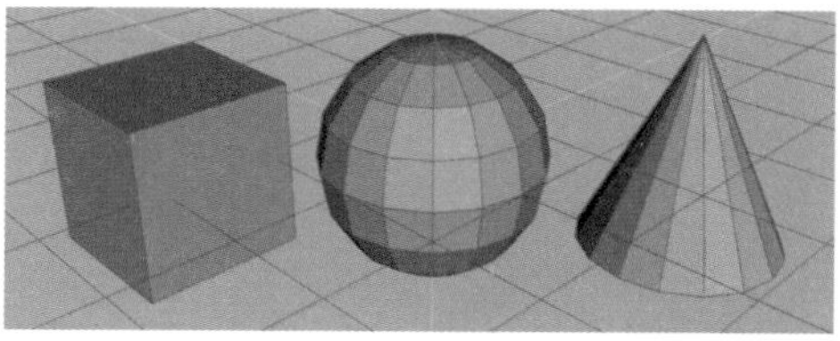

[적용 전]

⇒

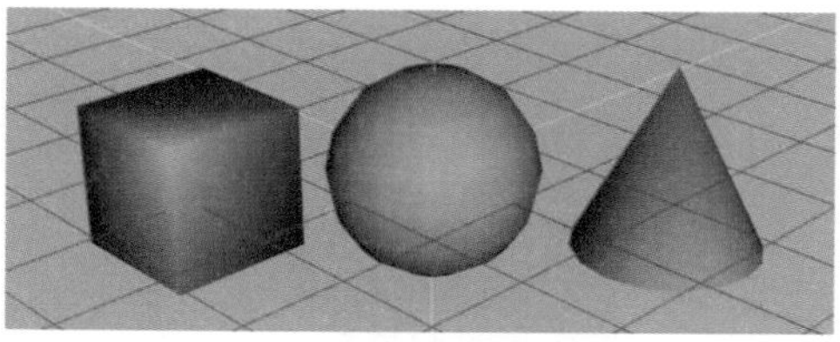

적용 후]

◎ Orthographic view : 직각 시점으로 보는 기능으로 원근감이 사라져 2D처럼 보인다.

※ 직교 관측 : 한 점에 모이는 조감과 달리, 정화하게 직교 방향에서 바라본 모습을 보고자 할 때 사용

ㄴ [O]를 이용해서 Toggle이 가능하다.

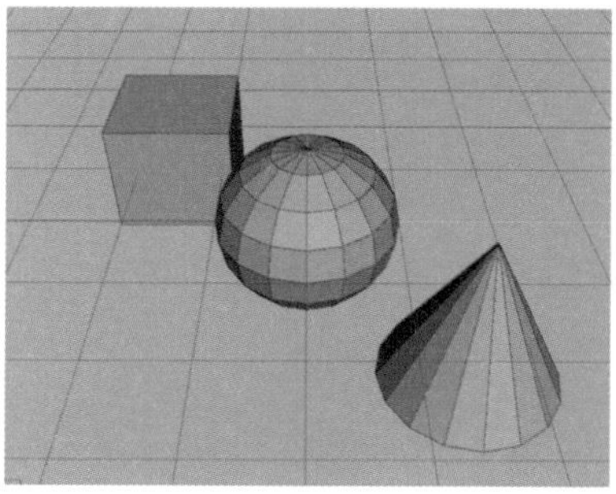

[적용 전]

⇒

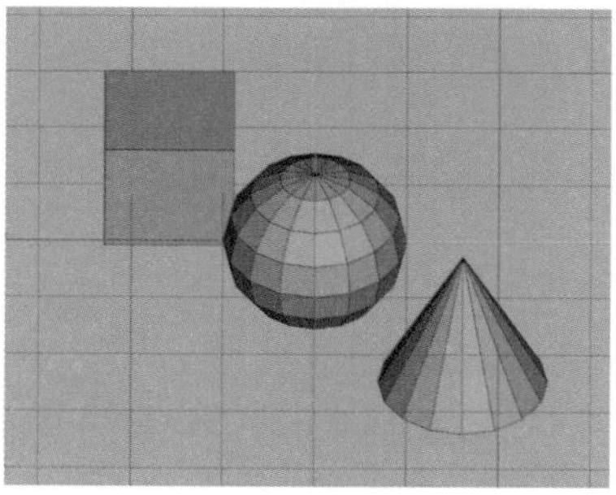

[적용 후]

◎ Highlight Aim : 마우스 커서가 위치한 객체를 중심으로 화면의 초점이 변경된다. 마우스 커서를 객체 위에 위치시킨 다음 [A]를 누른다.

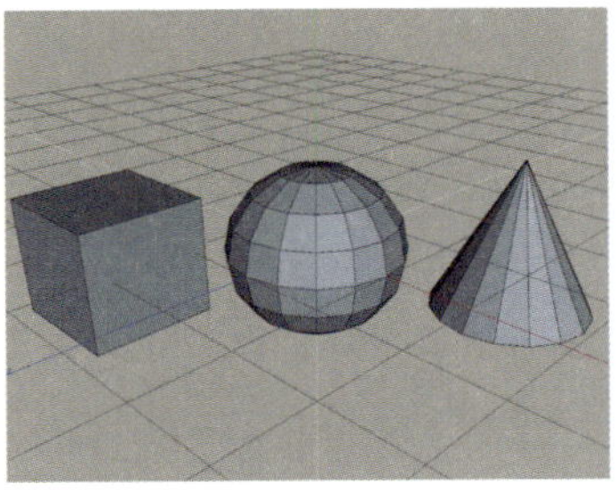

[적용 전]

⇒

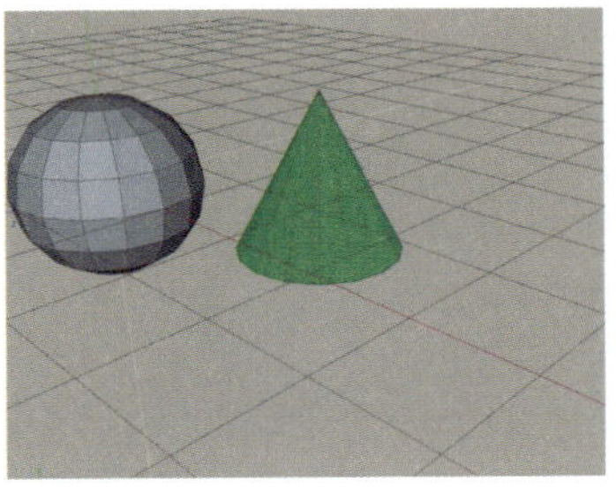

[적용 후]

◎ Frame : Highlight Aim과 비슷하나 선택된 객체를 확대할 때 사용. 마우스로 객체를 선택하고 [Shift+A]를 누른다.

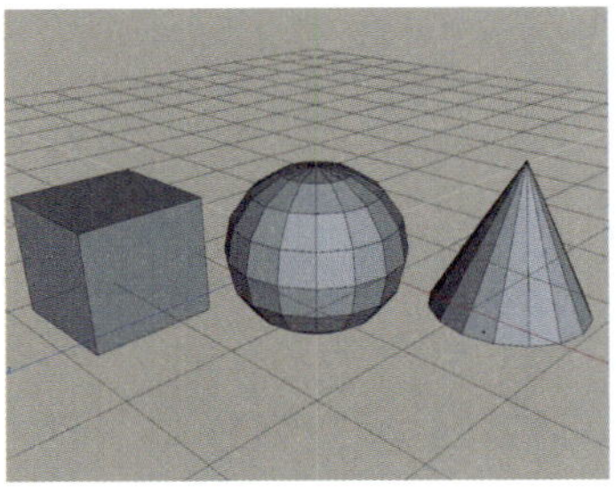

[적용 전]

⇒

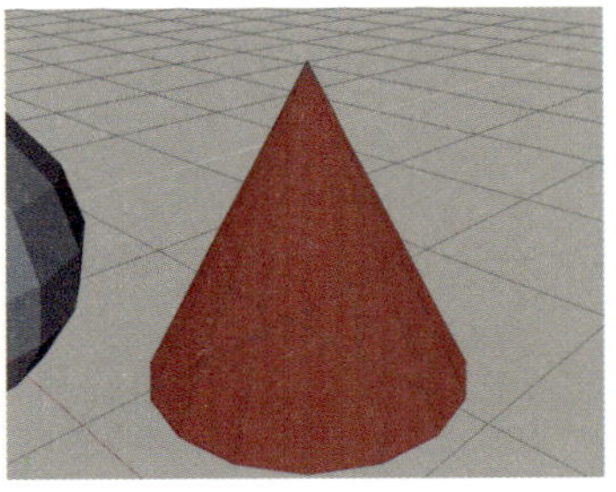

[적용 후]

◎ View Along : 각 축에서 원점을 바라보는 방향으로 객체를 보는 기능이다.

기본 시점에서 본 객체

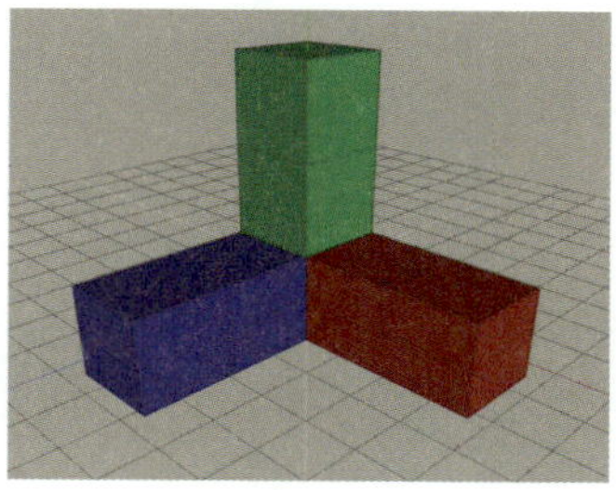

※축의 방향

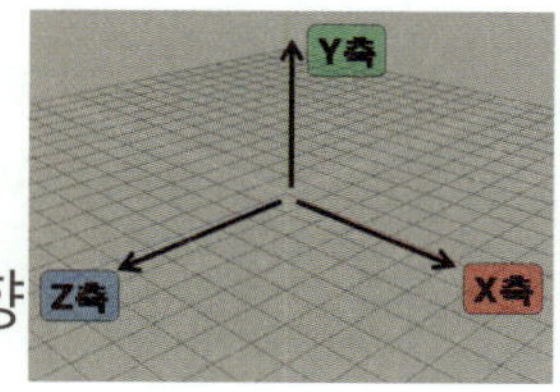


[X]

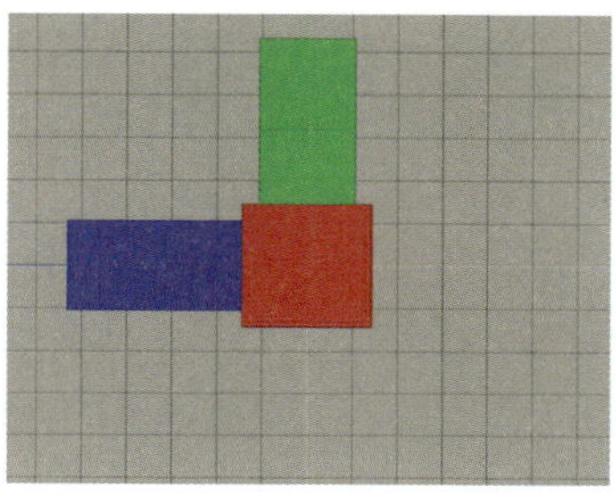

[x 축]

[Shift+X]

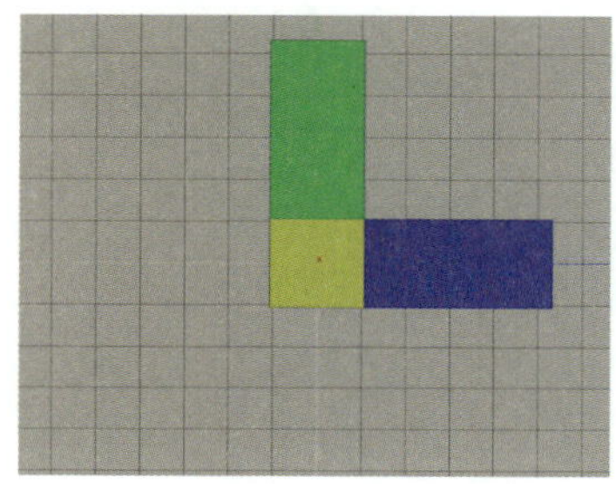

[-x 축]

[Y]

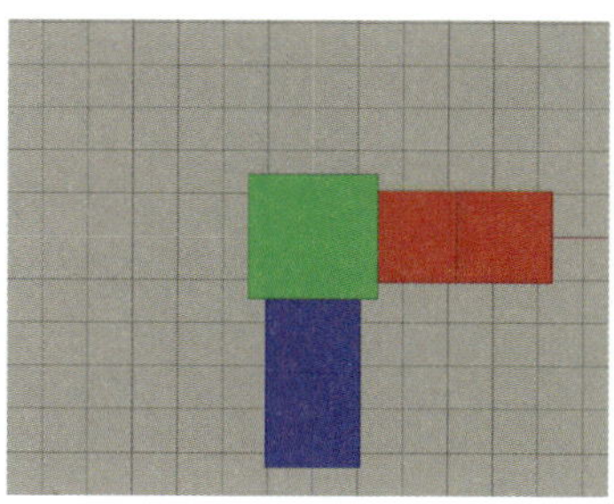

[y 축]

[Shift+Y]

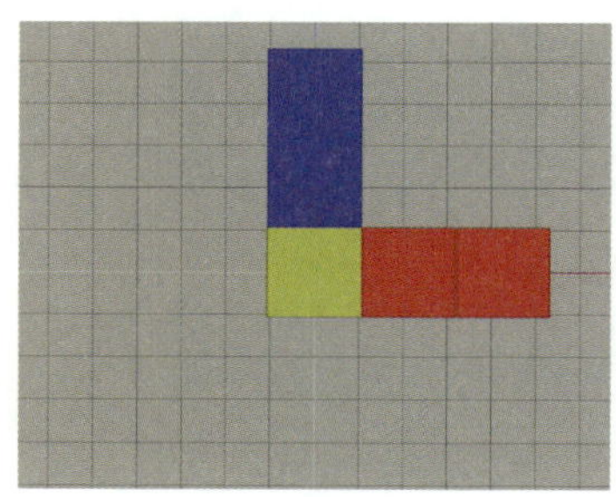

[-y 축]

[Z]

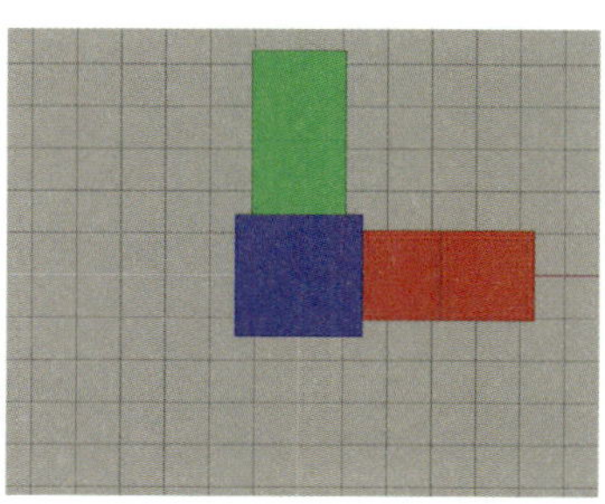

[y 축]

[Shift+Z]

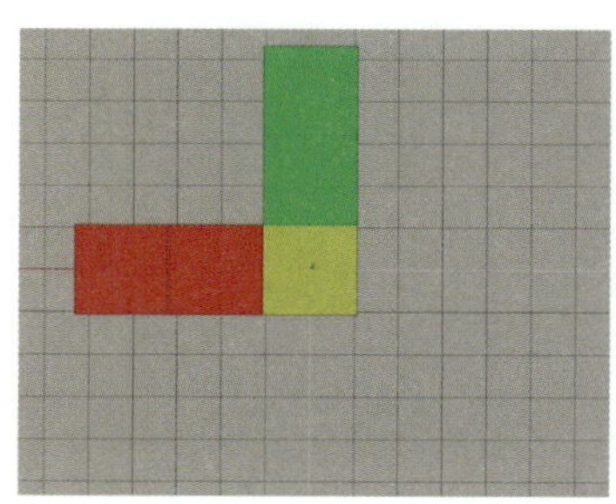

[-y 축]

## 4) Select (객체 선택 메뉴)

| 명 령 어 | 설 명 |
|---|---|
| Deselect | 선택 해제 (Space) |
| More | 선택부분을 넓혀주기 (+) |
| Less | 선택부분을 좁혀주기 (-) |
| Similar | 같은 정점과 방향을 가진 유사한 것 선택 (I) |
| Edge Loop > Edge Loop<br>Edge Ring<br>Grow Edge Loop<br>Shrink Edge Loop<br><br>Grow Edge Ring<br>Shrink Edge Ring | 선택된 선에 이어진 선을 연결해서 선택(L)<br>선택된 선에 우위성 선을 선택(G)<br>선택된 선에 이어진 선을 점진적으로 선택(Alt+L)<br>선택된 선에 이어진 선을 점진적으로 선택해제 (Alt+Ctrl+L)<br>선택된 선에 우위성 선을 점진적으로 선택(Alt+G)<br>선택된 선에 우위성 선을 점진적으로 선택해제 (Alt+Ctrl+G) |
| Adjacent ><br>Vertices<br>Edges<br>Faces<br>Objects | 선택된 객체의 인접부분을 선택하는 도구<br>점의 영역으로 선택(V)<br>선의 영역으로 선택(E)<br>면의 영역으로 선택(F)<br>객체의 영역으로 선택(B) |
| All | 모든 객체를 선택 (Ctrl+A) |
| Inverse | 선택된 객체를 제외한 나머지 선택 (Ctrl+Shift+I) |
| Hide Selected | 선택된 객체 숨기기 |
| Hide Unselected | 선택되지 않은 객체 숨기기 |
| Lock Unselected | 선택되지 않은 객체 잠그기 |
| Unhide All Object | 숨겼던 객체를 모두 보이기 |
| Unlock All Object | 잠그었던 객체 모두 풀기 |

※ 상세 설명

◎ Deselect : 모든 선택을 해제한다. [Space Bar]

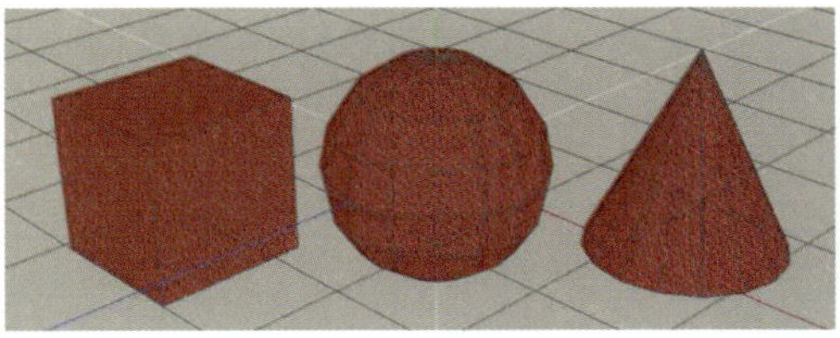

[적용 전]

⇒

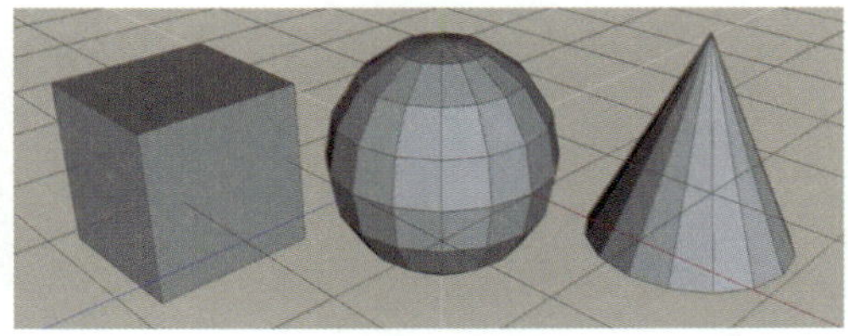

[적용 후]

◎ More : 주어진 객체에서 선택 모드(Vertex, Edge, Face)에 따라 선택영역을 인접한 모든 부분으로 확장시킨다. [+]

• Vertex 모드

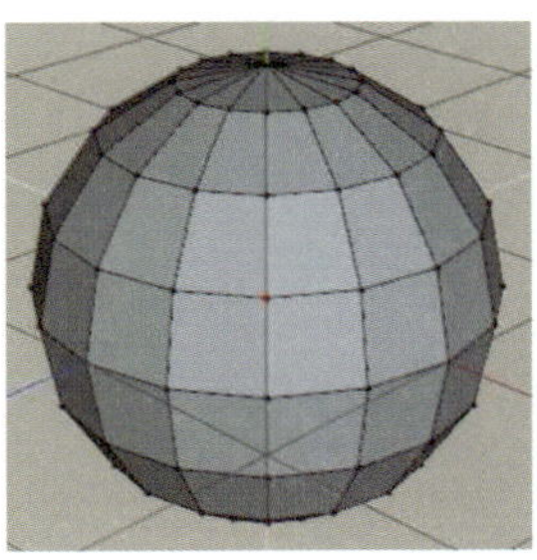

[적용 전]

⇒

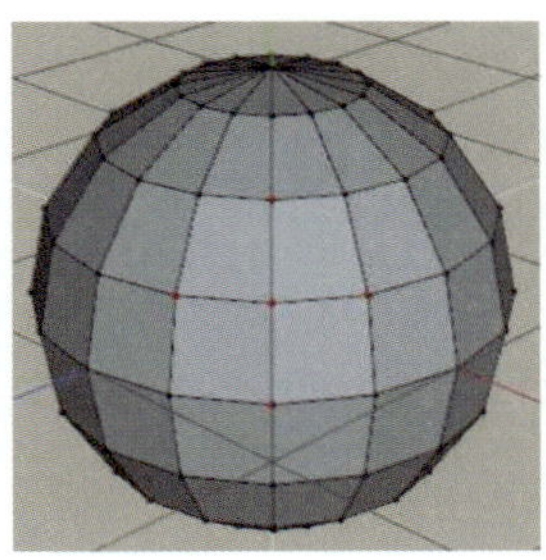

[1회 적용]

⇒

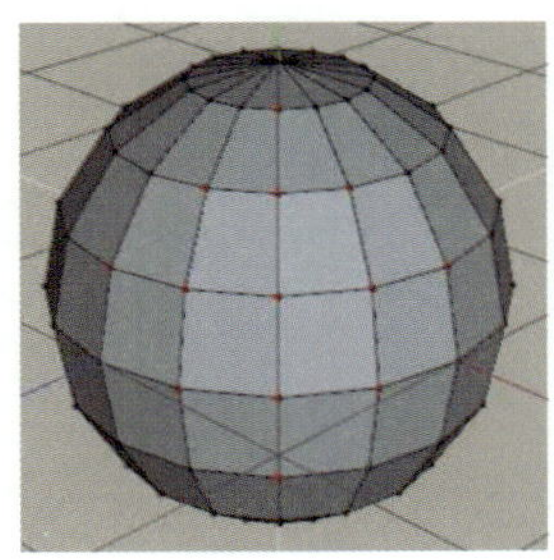

[2회 적용]

• Edge 모드

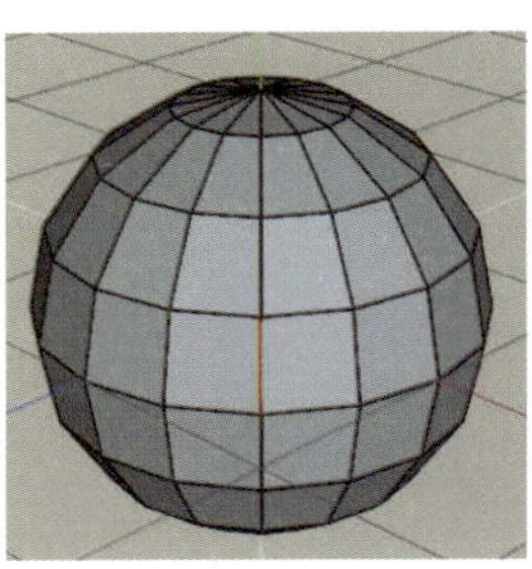

[적용 전]

⇒

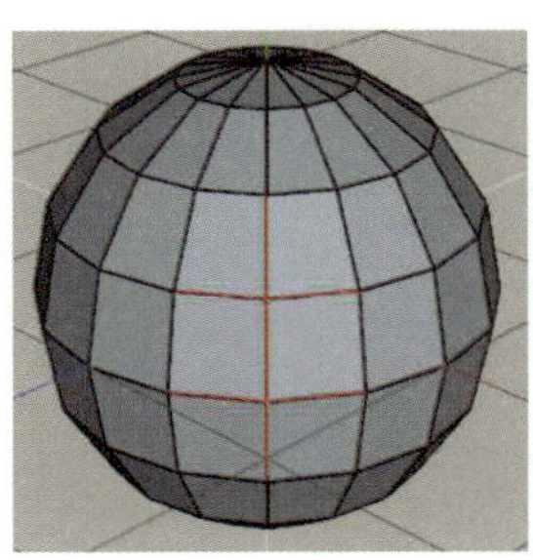

[1회 적용]

⇒

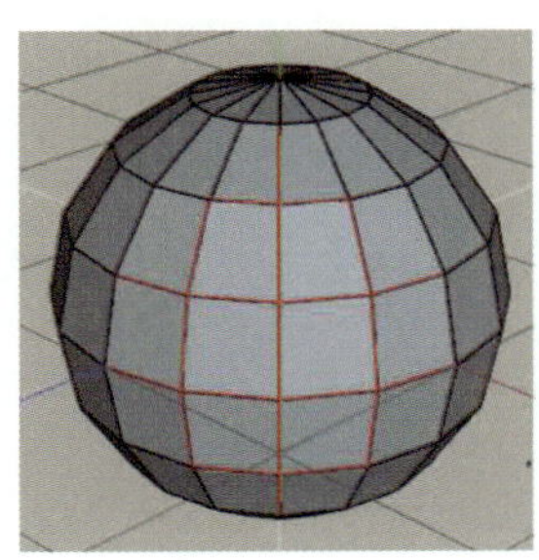

[2회 적용]

• Face 모드

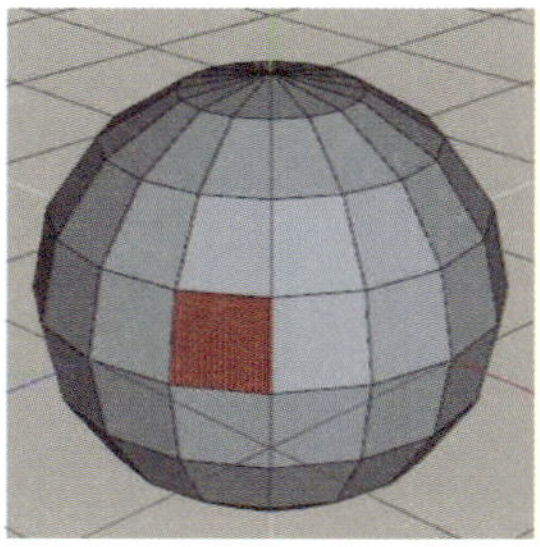
[적용 전]

⇒

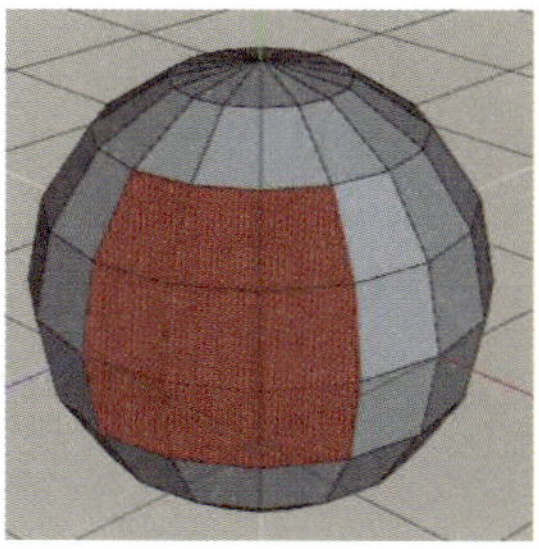
[1회 적용]

⇒

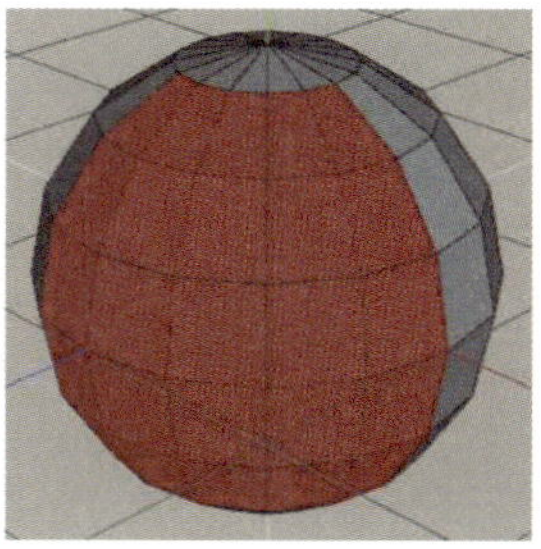
[2회 적용]

◎ Less : More와 정반대의 기능이다. [−]

• Vertex 모드

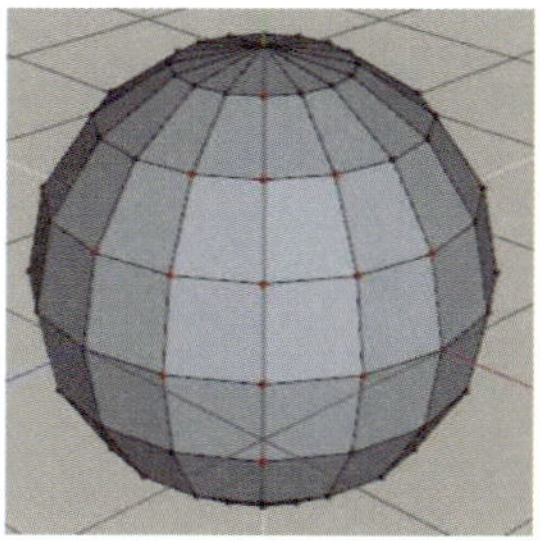
[적용 전]

⇒

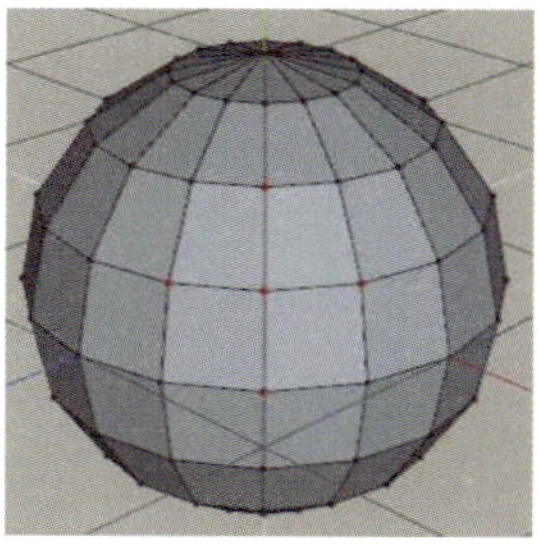
[1회 적용]

⇒

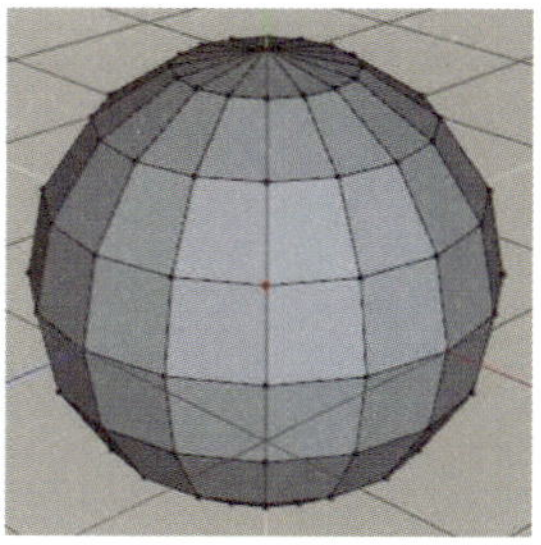
[2회 적용]

• Edge 모드

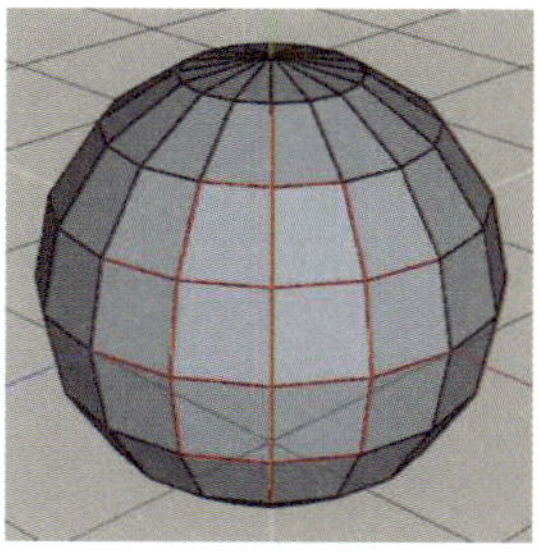
[적용 전]

⇒

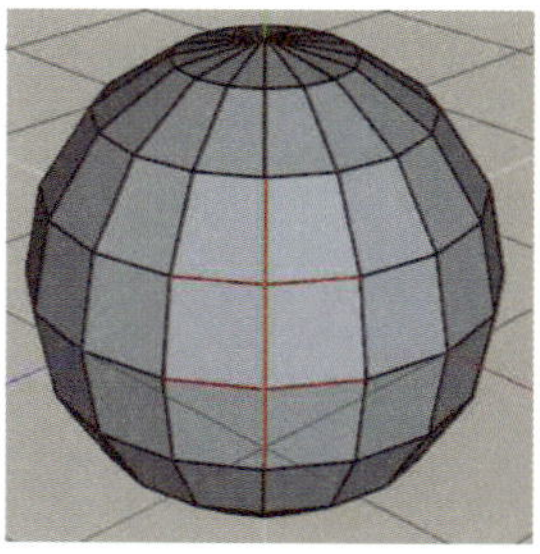
[1회 적용]

⇒

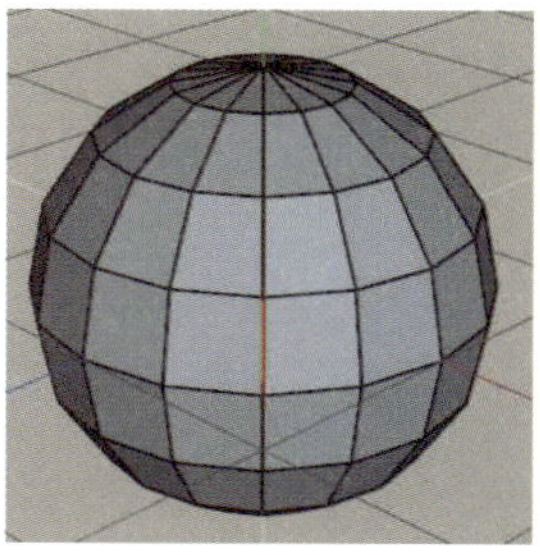
[2회 적용]

• Face 모드

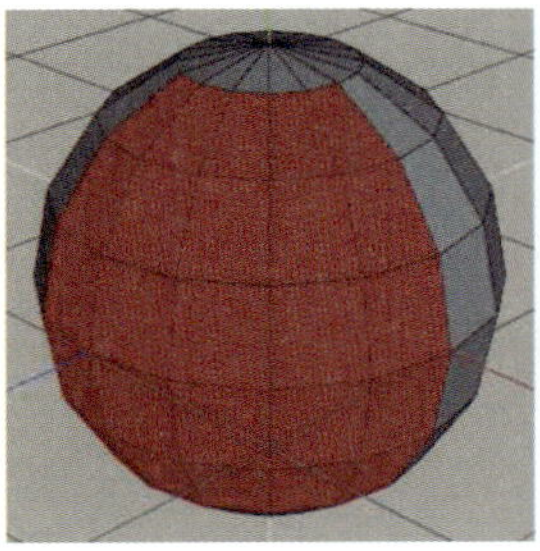

[적용 전]

⇒

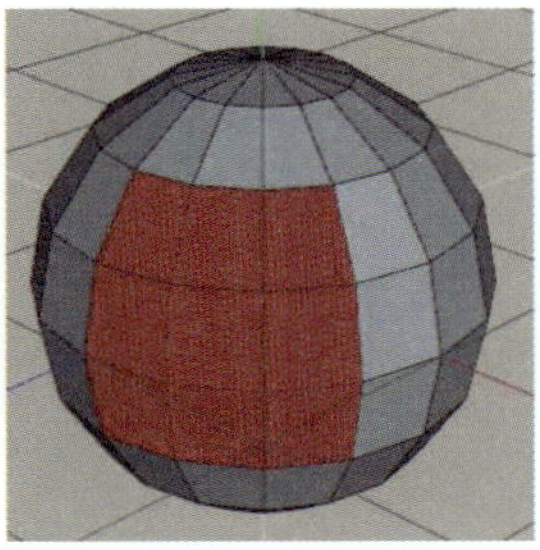

[1회 적용]

⇒

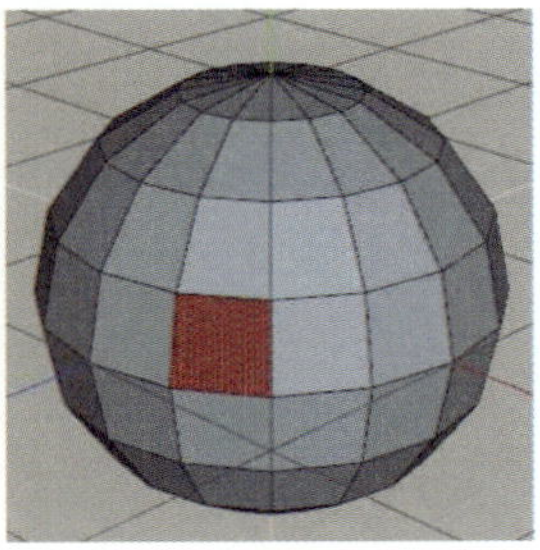

[2회 적용]

◎ Similar : 선택된 항목과 유사한 모든 항목을 선택 모드에 따라 선택한다.

[I]

• Vertex 모드 - 선택된 점에서 밖으로 향하는 모든 모서리의 길이와 각이 같은 모든 점을 선택한다.

예-1) 하나의 점을 선택한 경우

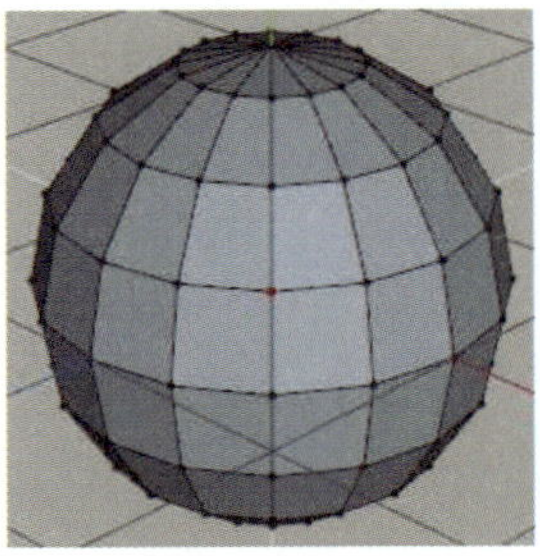

[적용 전]

⇒

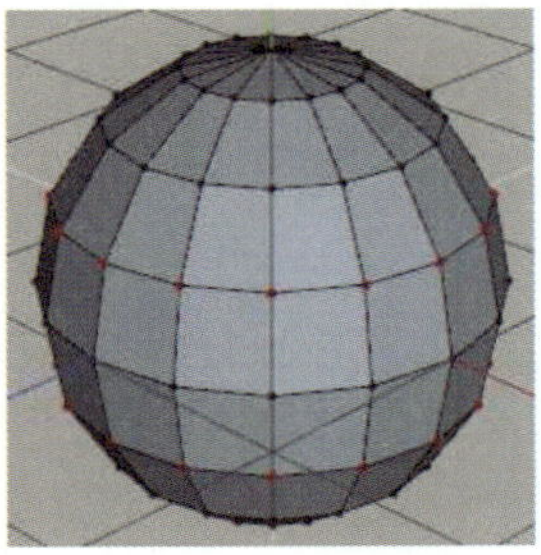

[적용 후]

예-2) 서로 다른 두 개의 점을 선택하는 경우

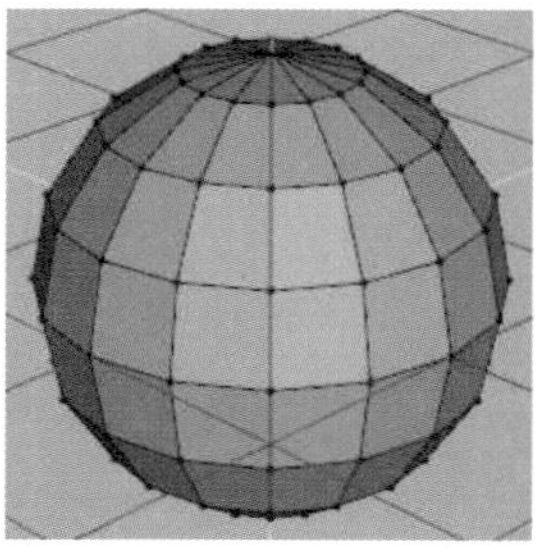

⇒

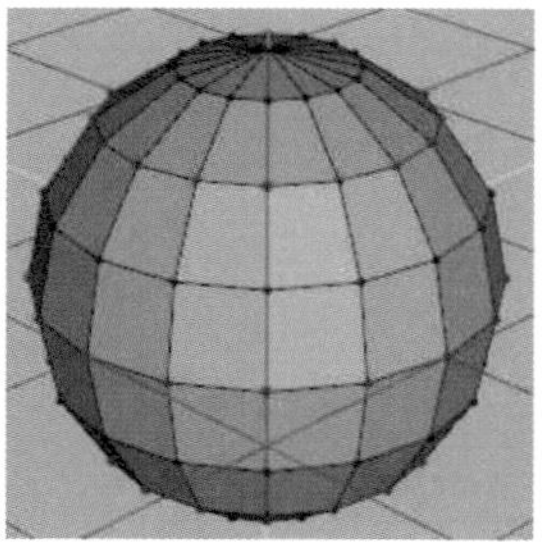

[적용 전] [적용 후]

• Edge 모드 - 선택된 모서리와 인접한 네 모서리와 길이와 각의 크기가 같은 모서리를 모두 선택한다.

예-1) 세로 모서리를 선택하는 경우

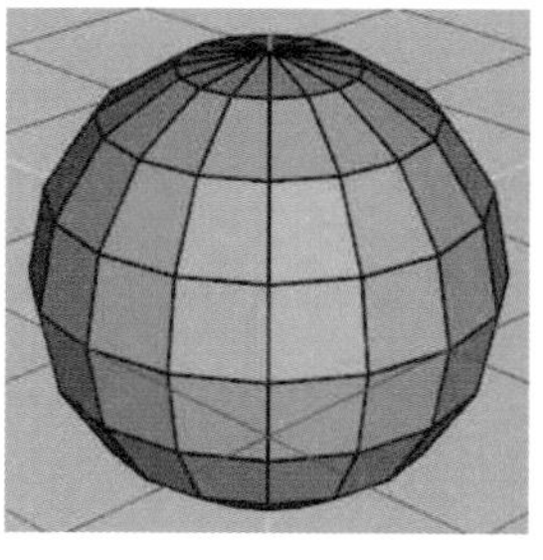

⇒

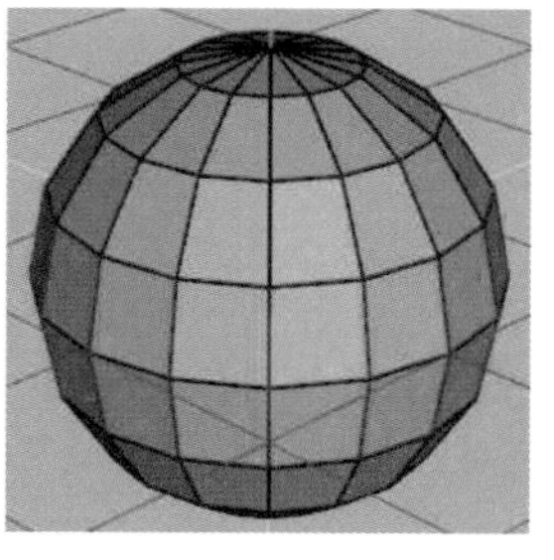

[적용 전] [적용 후]

예-2) 가로 모서리를 선택하는 경우

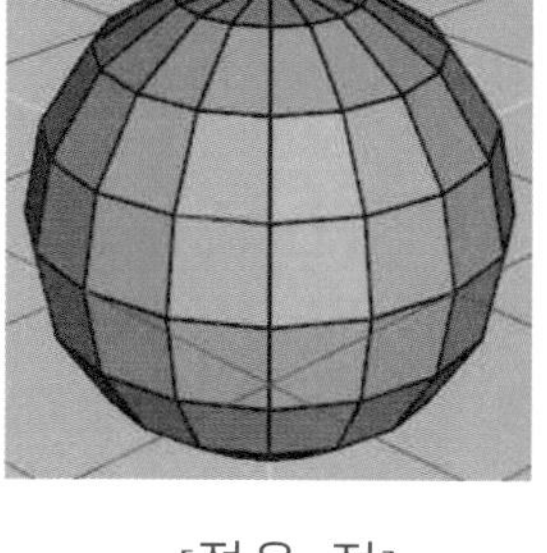

⇒

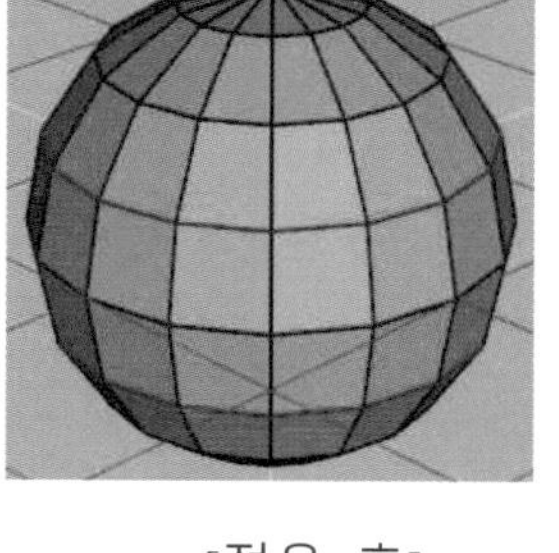

[적용 전] [적용 후]

• Face 모드 - 선택된 면과 모서리의 수, 모서리 길이의 합, 두 개의 모서리 사이에 각의 합이 같은 면을 모두 선택한다.

예-1) 하나의 면을 선택하는 경우

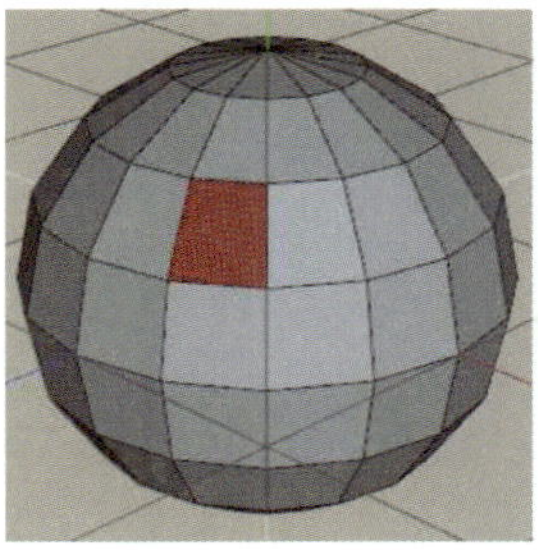

[적용 전]

⇒

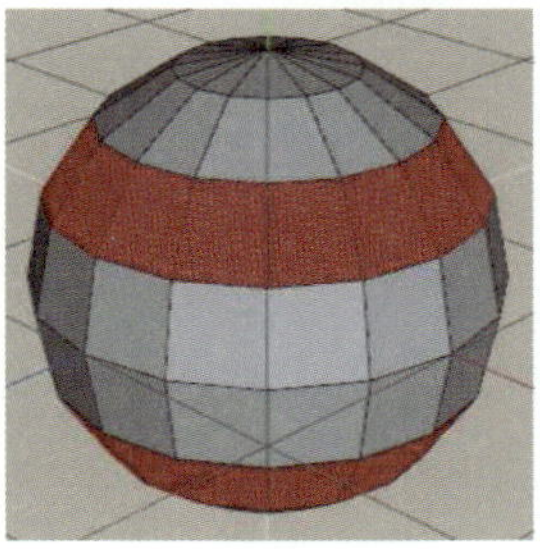

[적용 후]

예-2) 서로 다른 두 개의 면을 선택하는 경우

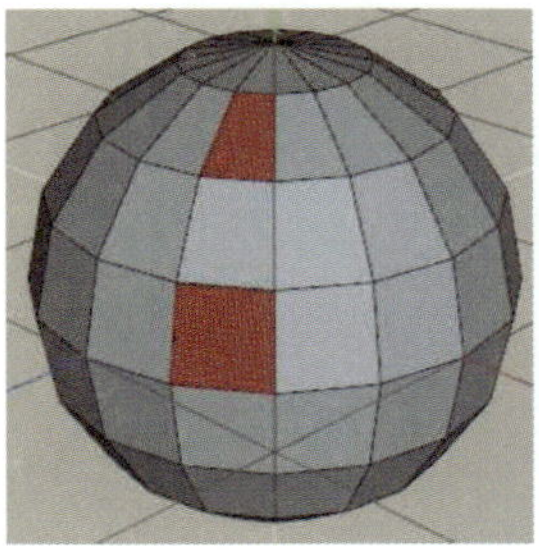

[적용 전]

⇒

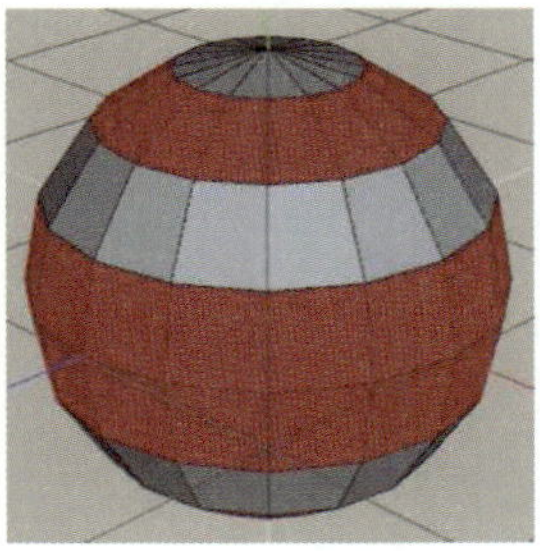

[적용 후]

- Object 모드 - 선택된 객체와 꼭짓점, 모서리, 면의 수가 같은 객체를 모두 선택한다.

예) 2개의 구중에 하나를 선택하면 크기가 같은 다른 구도 선택된다.

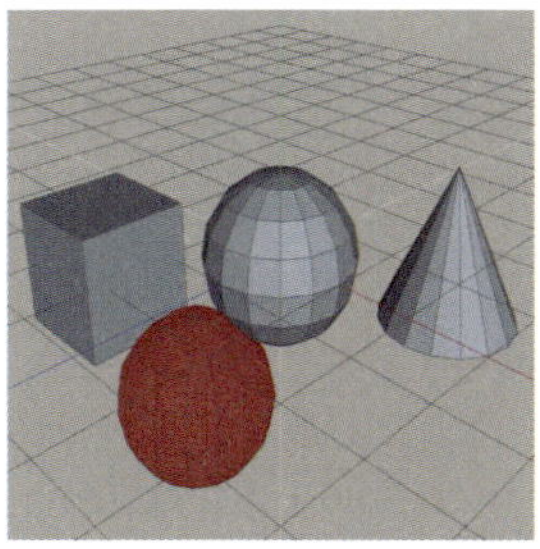

[적용 전]

⇒

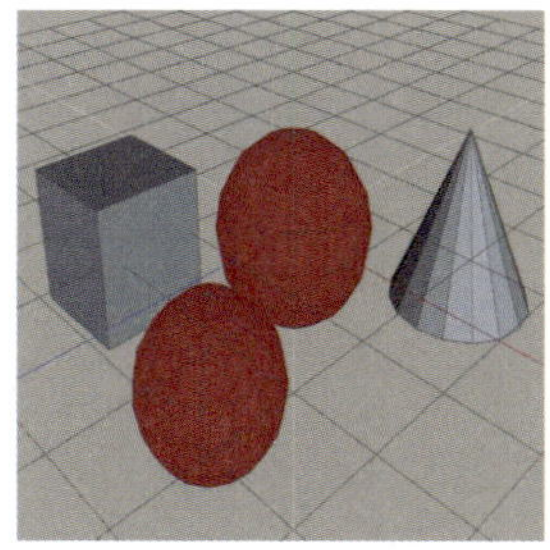

[적용 후]

◎ Edge Loop

⇒ Edge Loop : 선택된 모서리를 포함하는 폐곡선이 선택된다. [L]

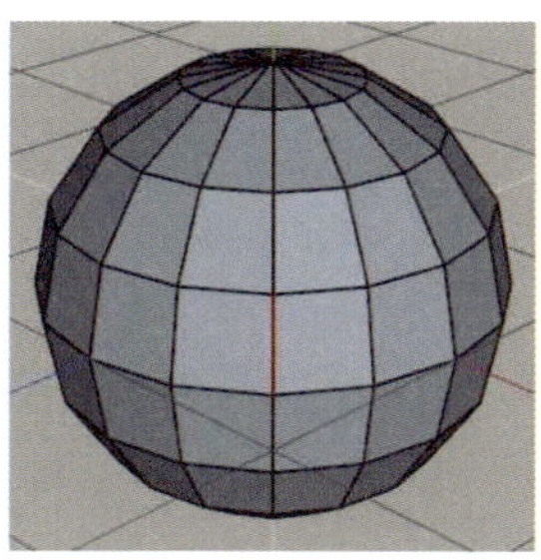

[적용 전]

⇒

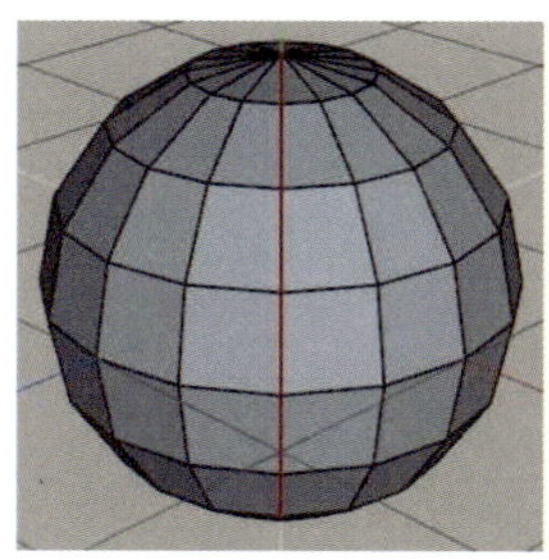

[적용 후]

⇒ Grow Edge Loop : 선택된 모서리를 통과하는 폐곡선의 양쪽 방향으로 모서리가 하나씩 선택된다. [Alt+L]

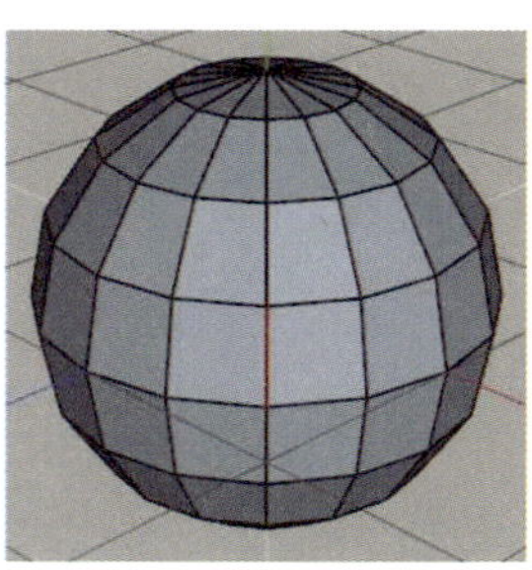

[적용 전]

⇒

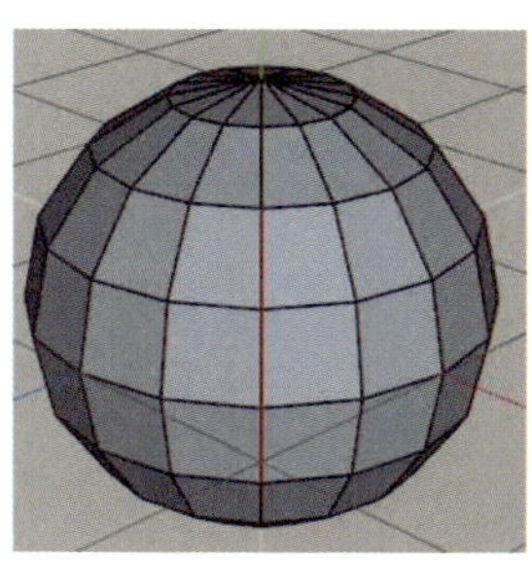

[1회 적용]

⇒

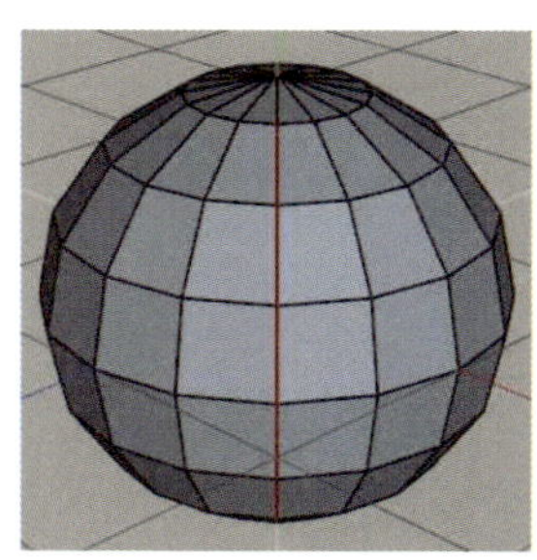

[2회 적용]

⇒ Shrink Edge Loop : Grow Edge Loop와 정반대 기능이다.

[Alt+Ctrl+L]

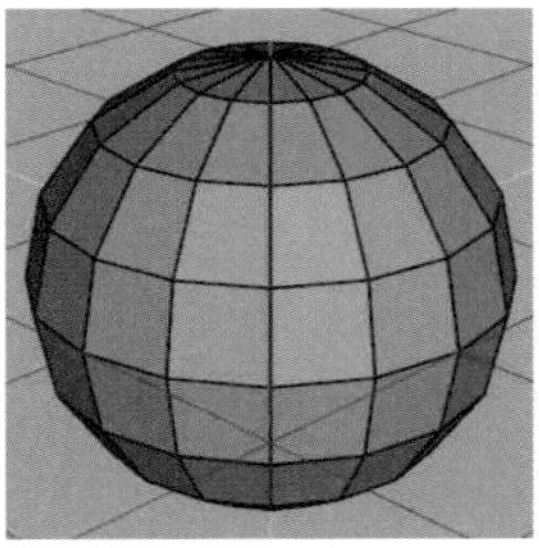

⇒

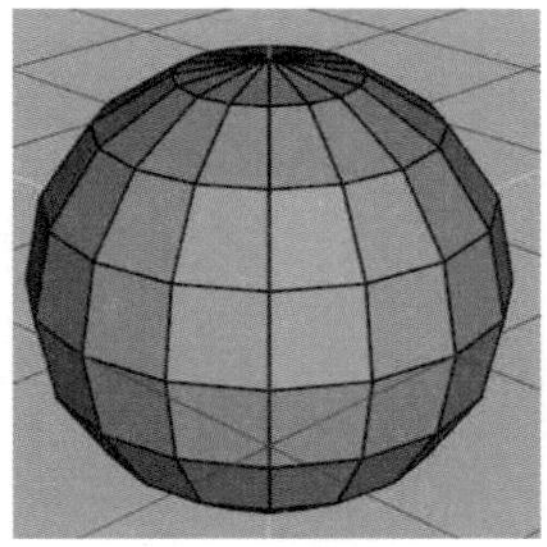

⇒

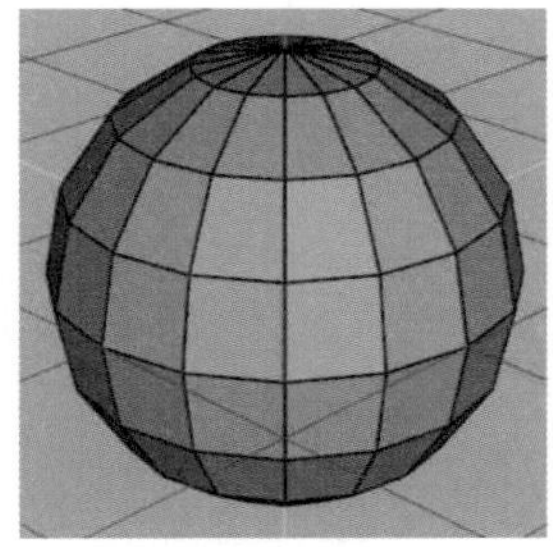

[적용 전] [1회 적용] [2회 적용]

⇒ Edge Ring : 두 개의 폐곡선 사이에서 선택된 모서리와 인접한 모든 모서리를 선택한다. [G]

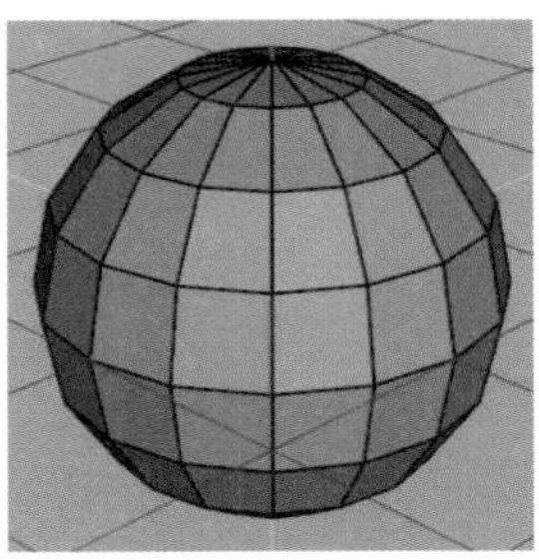

⇒

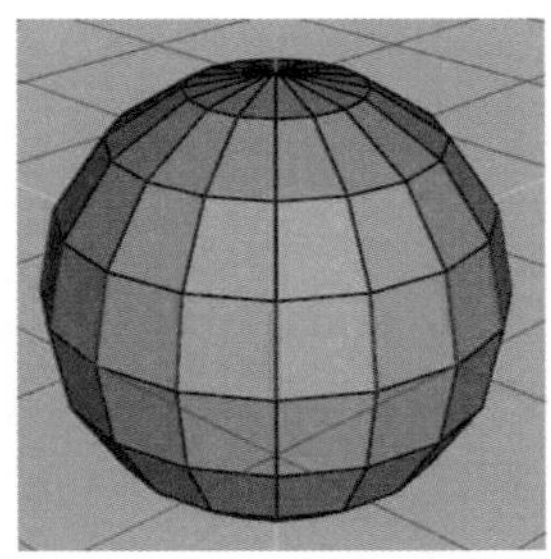

[적용 전] [적용 후]

⇒ Grow Edge Ring : 선택한 모서리의 양쪽 끝을 통과하는 두 개의 폐곡선 사이에서 선택된 모서리와 가장 가까운 두 개의 모서리가 선택된다.

[Alt+G]

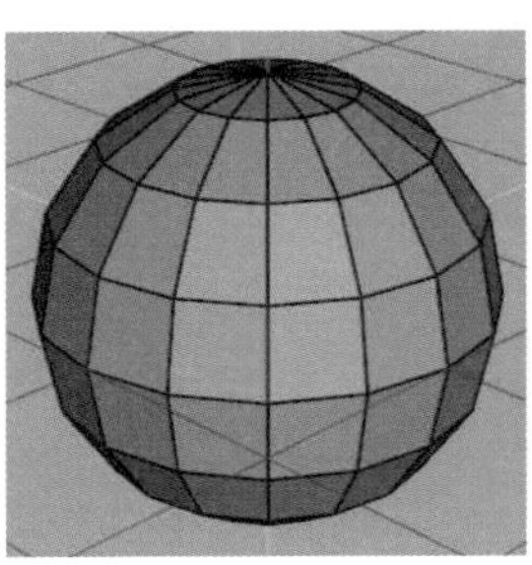

⇒

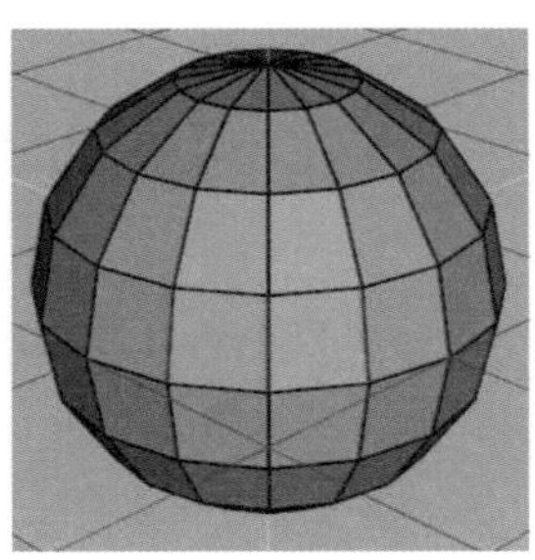

⇒

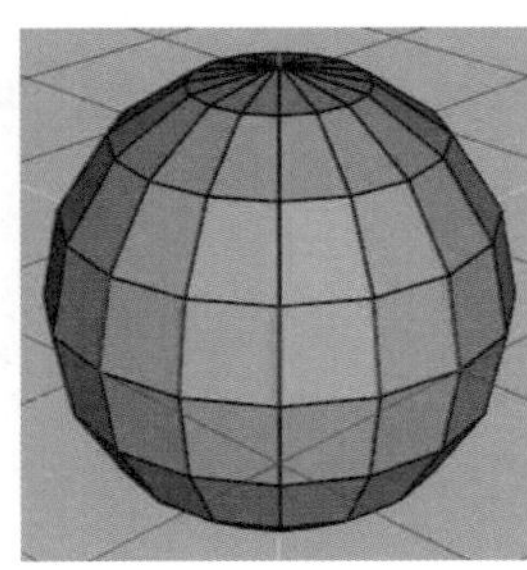

[적용 전] [1회 적용] [2회 적용]

⇒ Shrink Edge Ring : Grow Edge Ring과 정반대 기능이다.

[Alt+Ctrl+G]

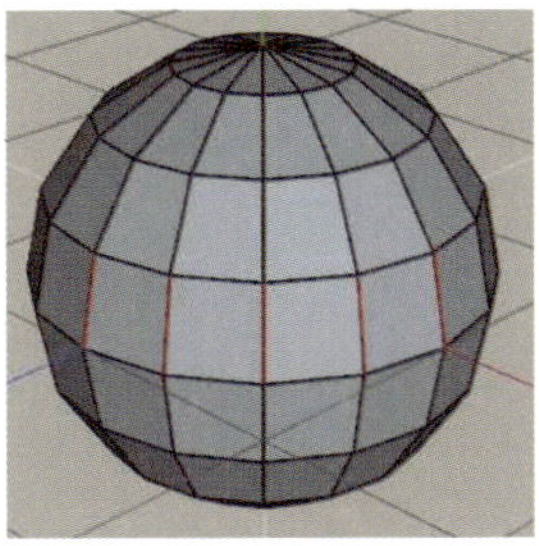

[적용 전]

⇒

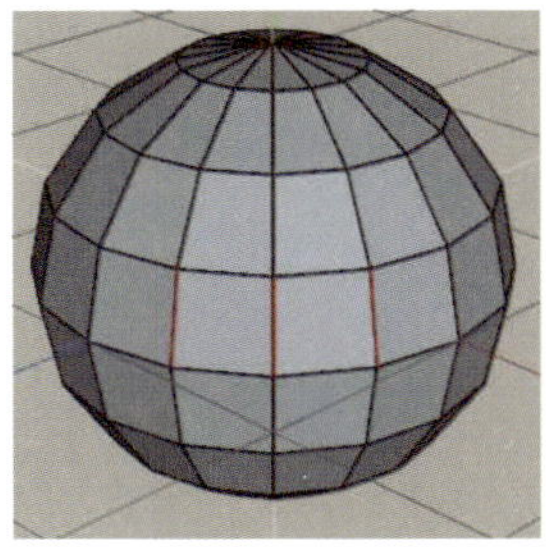

[1회 적용]

⇒

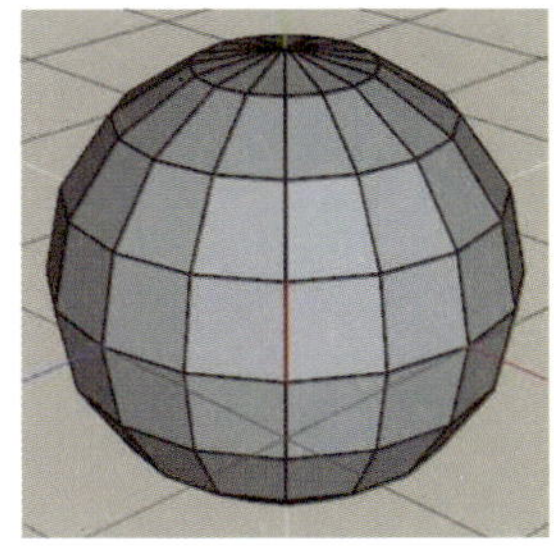

[2회 적용]

◎ Adjacent

⇒ Vertices : 선택 모드를 Vertex 모드로 바꾸고, 선택영역을 인접한 부분으로 매회 확장시킨다. [V]

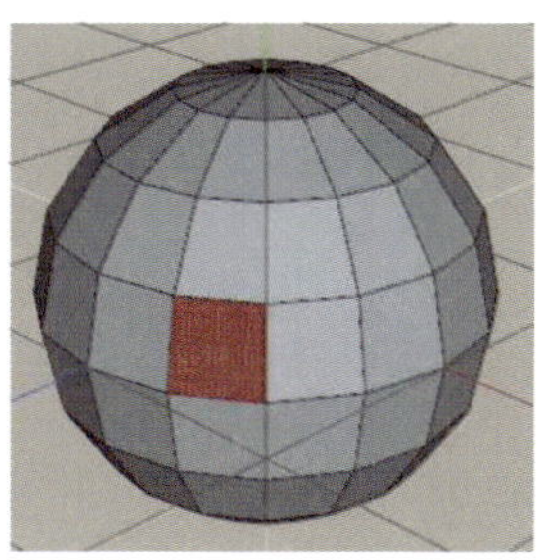

[적용 전]

⇒

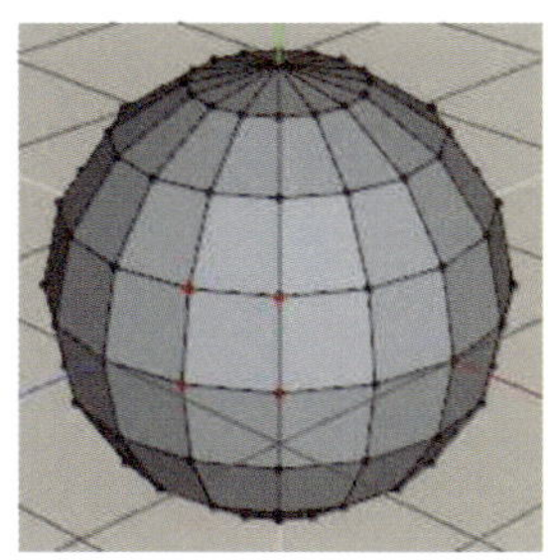

[1회 적용]

⇒

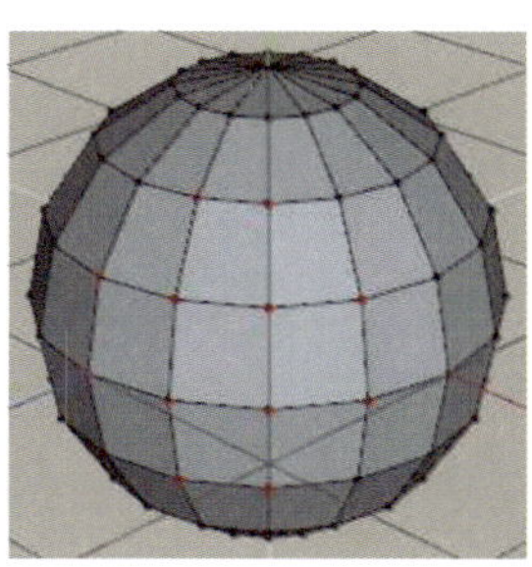

[2회 적용]

⇒

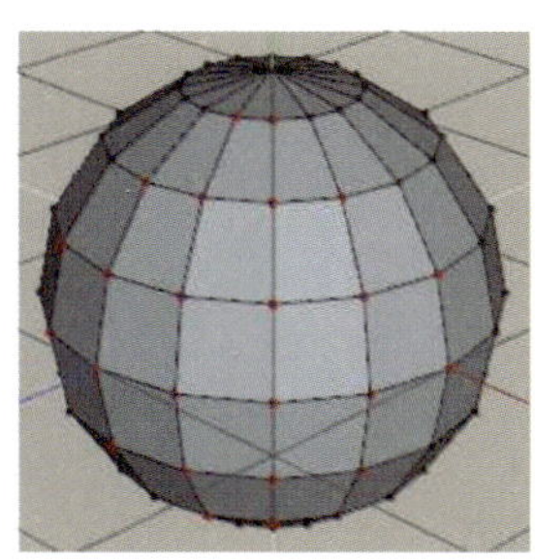

[3회 적용]

⇒ Edges : 선택 모드를 Edge 모드로 바꾸고, 선택영역의 꼭짓점을 포함하는 모든 모서리로 확장된다. ⌨[E]

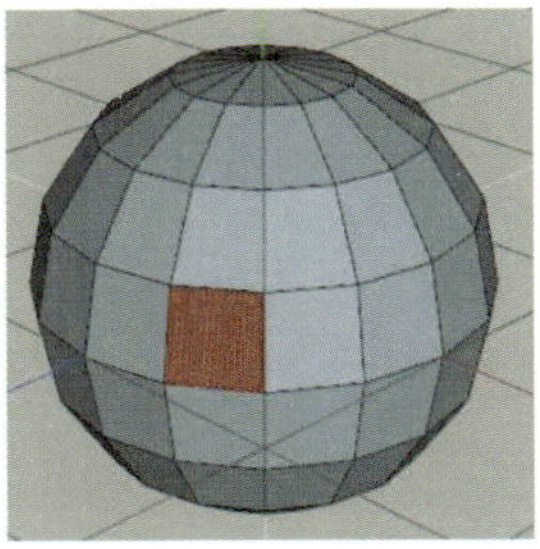

[적용 전]

⇒

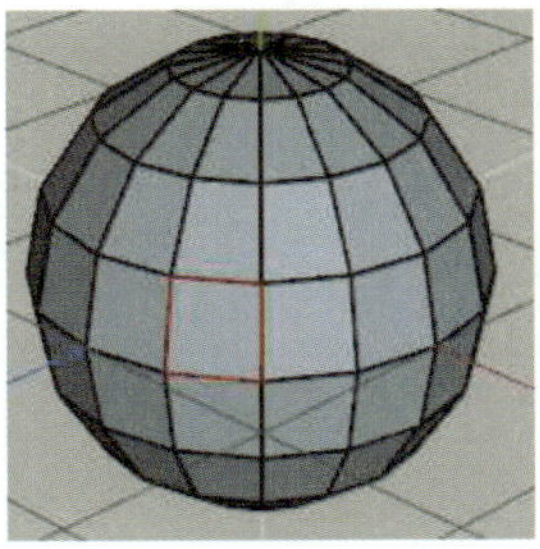

[1회 적용]

⇒

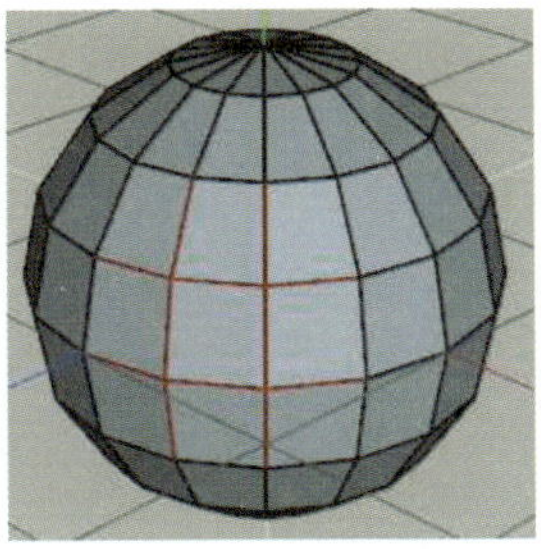

[2회 적용]

⇒

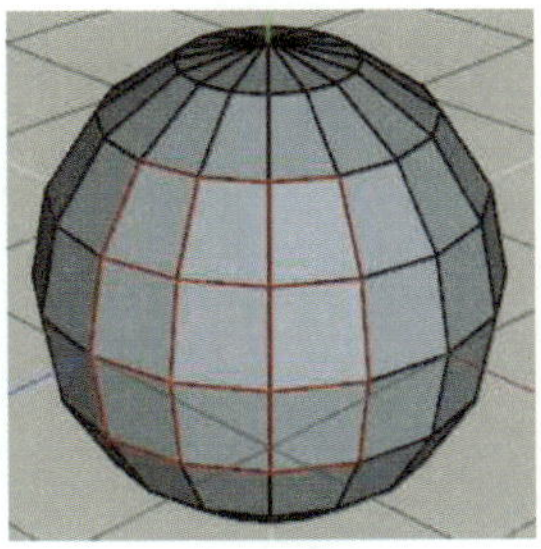

[3회 적용]

⇒ Faces : 선택 모드를 Face 모드로 바꾸고, 한번 적용할 때마다 선택영역의 모서리를 포함하는 모든 면을 선택한다. [F]

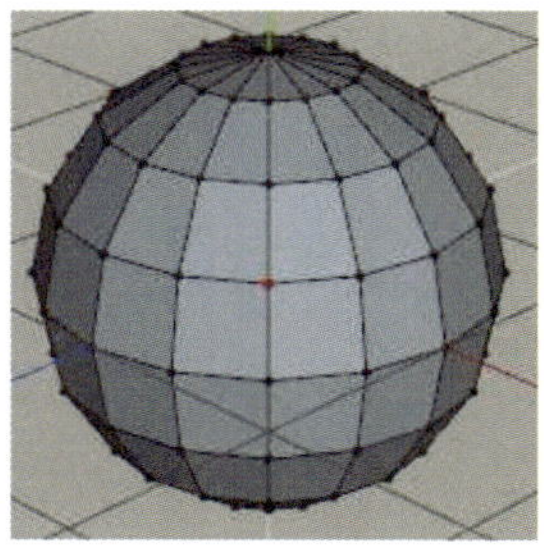

[적용 전]

⇒

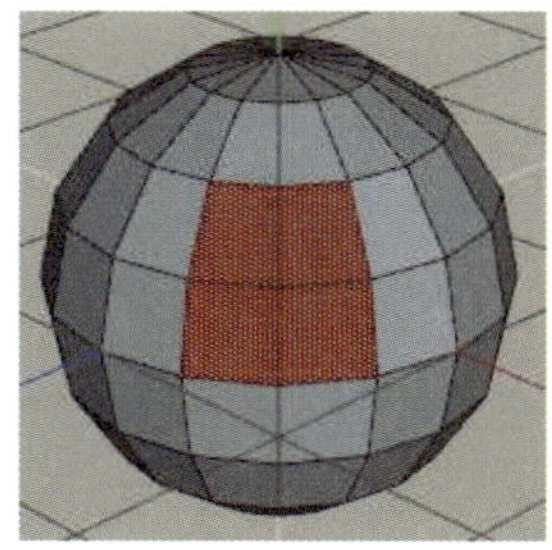

[1회 적용]

⇒

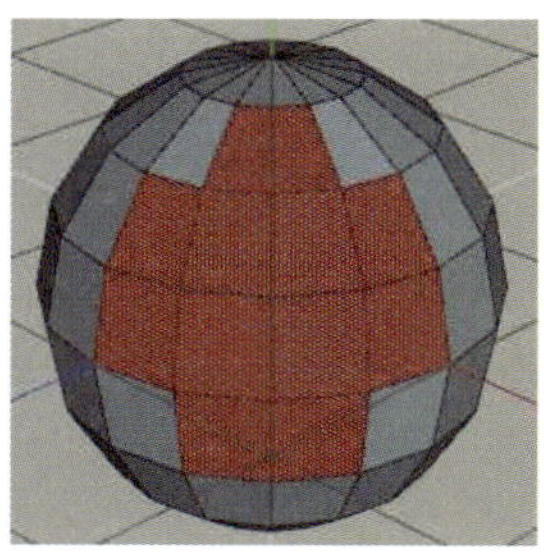

[2회 적용]

⇒

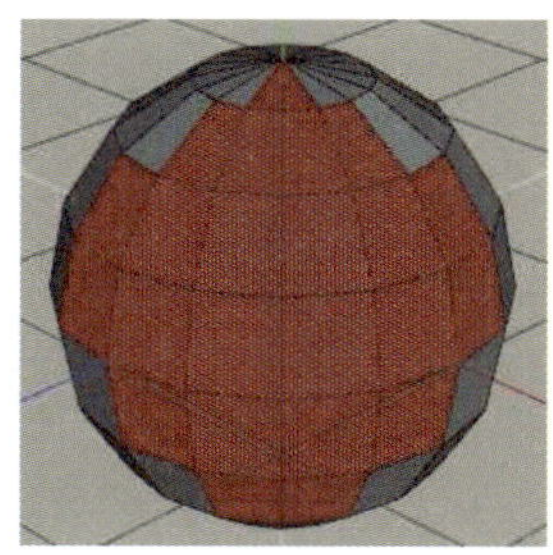

[3회 적용]

⇒ Objects :선택 모드를 Object 모드로 바꾼다.

점, 모서리, 면 어느 것을 선택하던 객체 전체가 선택된다. [B]

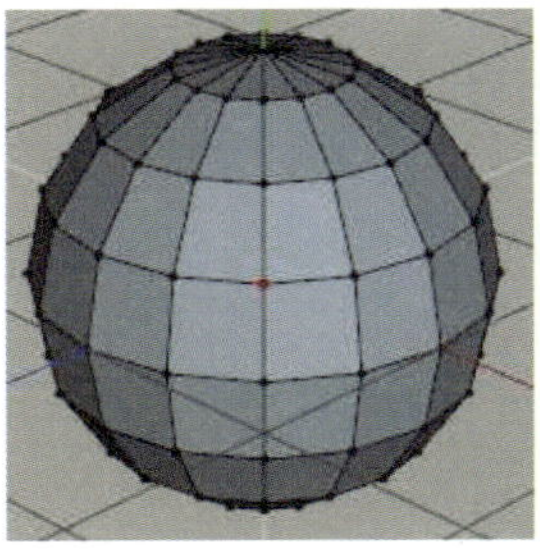

OR

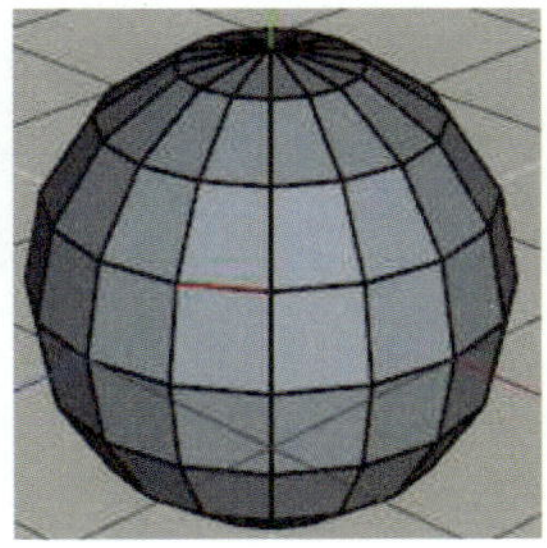

OR

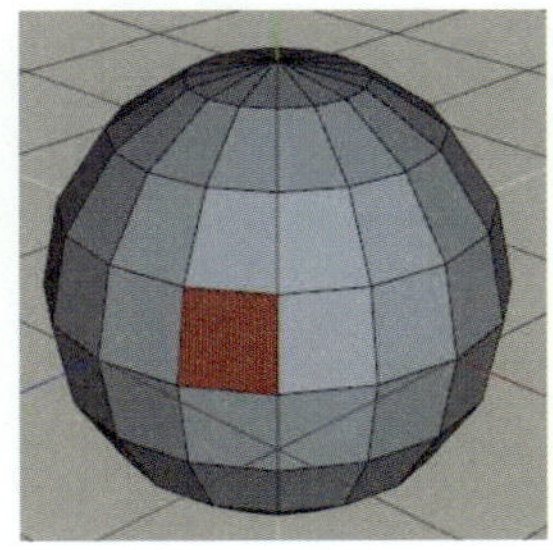

⇒

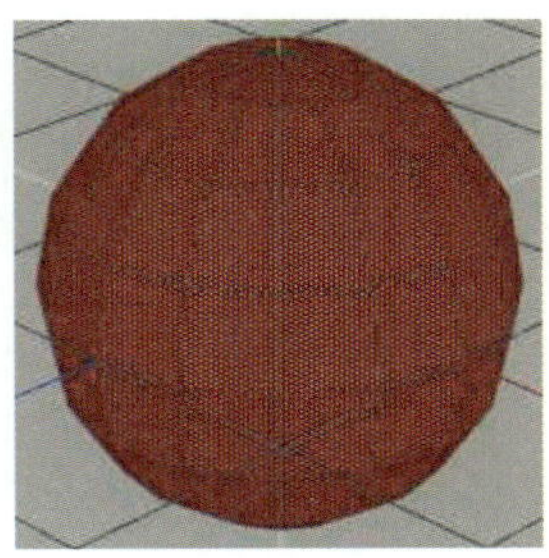

[적용 후]

◎ All : 모든 객체를 선택할 때 사용. [Ctrl+A]

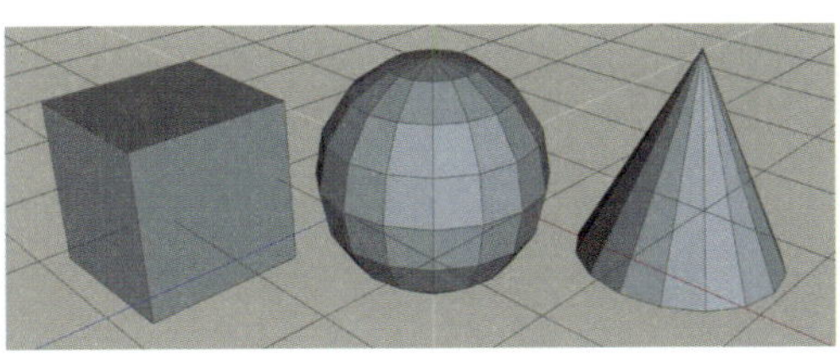

[적용 전]

⇒

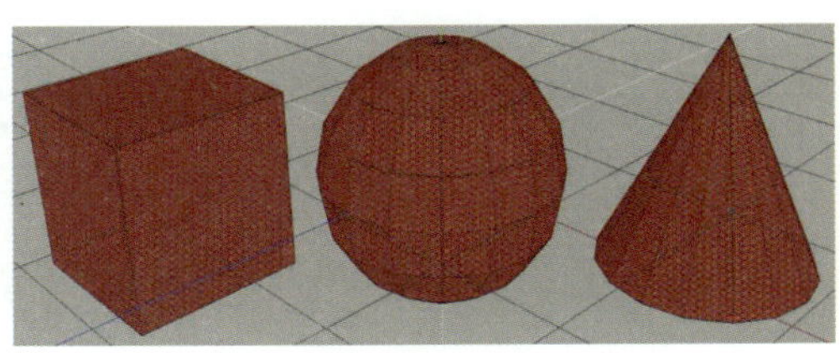

[적용 후]

◎ Inverse : 선택된 객체를 제외한 나머지 객체를 모두 선택한다.

[Ctrl+Shift+I]

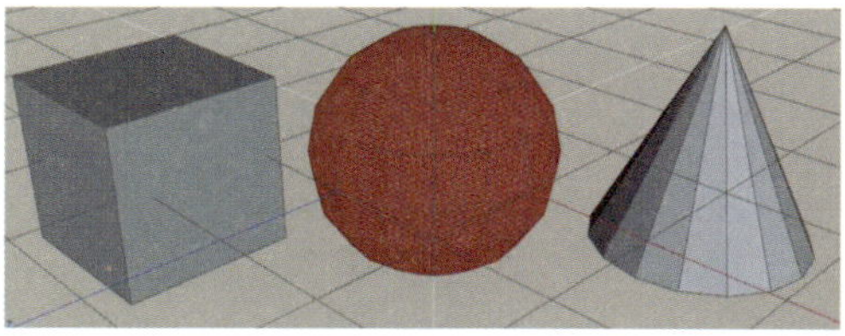

⇒

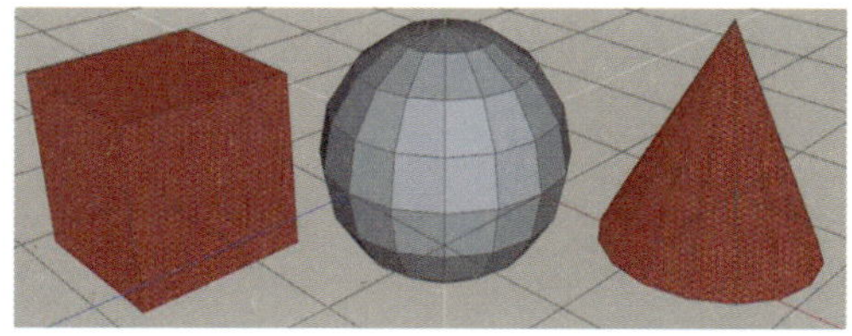

[적용 전] [적용 후]

◎ Hide Selected : 선택된 객체를 화면에서 숨긴다.

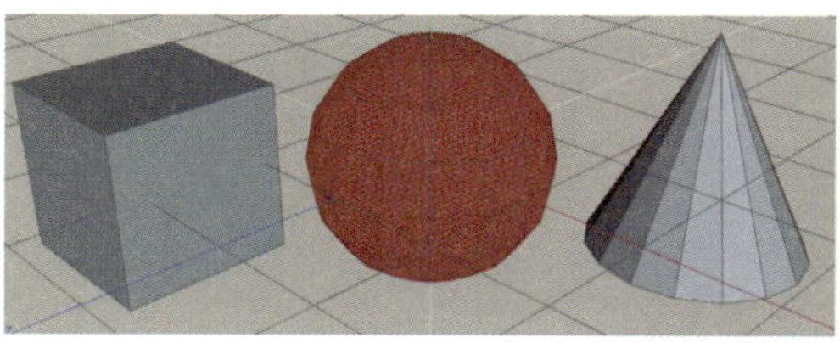

⇒

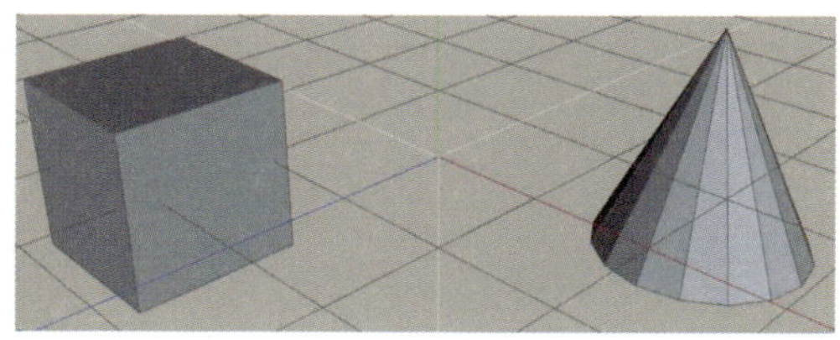

[적용 전] [적용 후]

◎ Hide Unselected : 선택되지 않은 객체를 화면상에서 숨긴다.

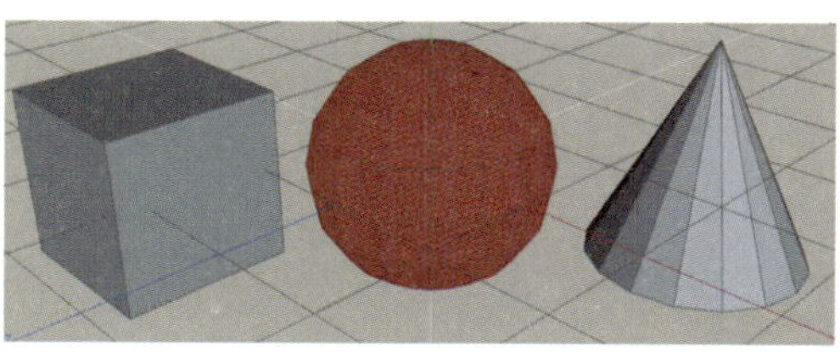

⇒

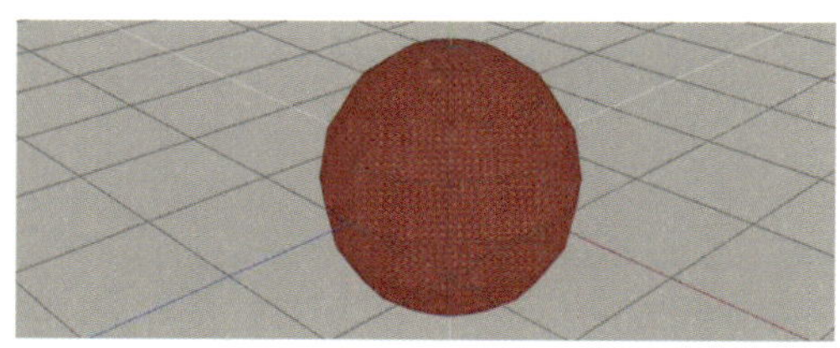

[적용 전] [적용 후]

◎ Lock Unselected : 선택되지 않은 객체를 잠근다. 잠긴 객체는 선택 자체가 불가능하며 따라서 이를 대상으로 어떤 작업도 수행할 수 없다.
(복잡한 작업을 할 때 수정이 필요한 객체를 제외한 나머지 객체에는 영향을 주지 않고 작업을 할 수 있다.)

## 5) Tools (도구 메뉴)

| 명 령 어 | 설 명 |
|---|---|
| Screenshot | 현재 화면을 그림으로 저장 |
| Scene Info | 객체의 면적과 부피에 대한 정보 |
| Put on Ground | 지평면을 기준으로 올리기 |
| Unitize | 객체의 결함에 맞게 크기조절 및 중심으로 이동 |
| Connect | 정점을 연결 |

◎ Scene Info : 객체의 겉넓이, 둘레, 부피 정보와 모서리, 면, 점의 개수를 나타낸다.

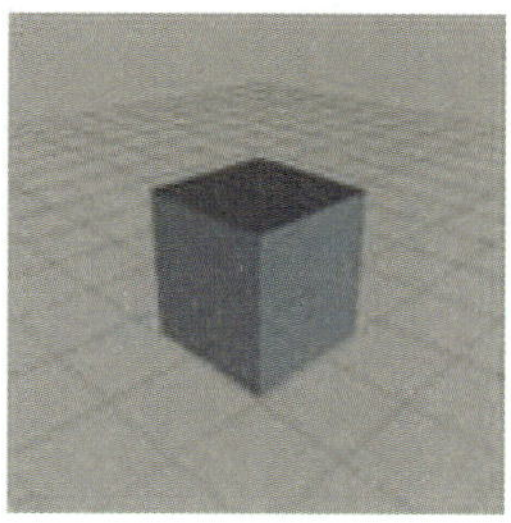

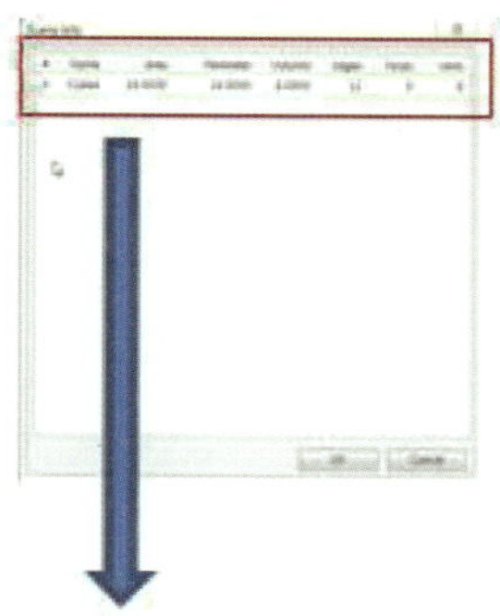

| # | Name | Area | Perimeter | Volume | Edges | Faces | Verts |
|---|---|---|---|---|---|---|---|
| 4 | Cube4 | 24.0000 | 24.0000 | 8.0000 | 12 | 6 | 8 |

◎ Put on Ground : 선택된 객체의 Y 값이 0이 되도록 이동시킨다.

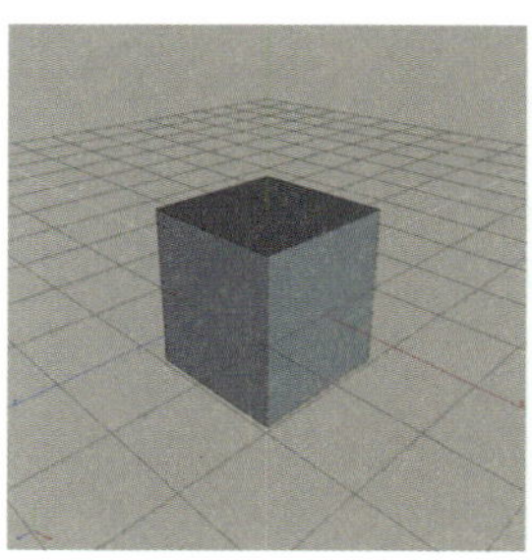

⇒

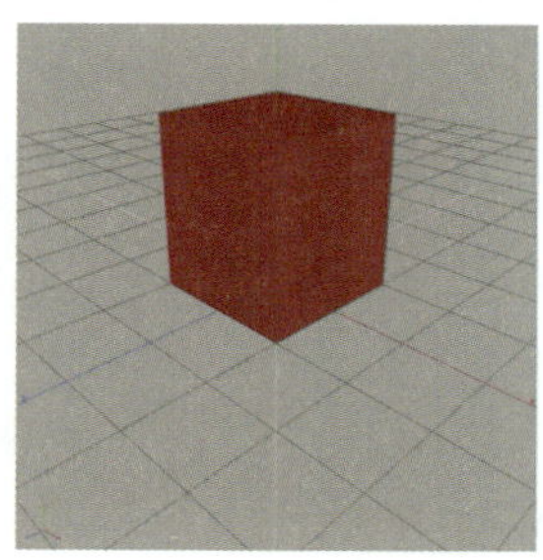

[적용 전]
(초기 Y 값 : -1)

[적용 후]
(적용 후 Y 값 : 0)

◎ Unitize : 선택된 객체를 기본 크기의 구 내부에 들어갈 수 있는 최대 크기로 조절하고 원점으로 이동시킨다.

※기본 크기의 구

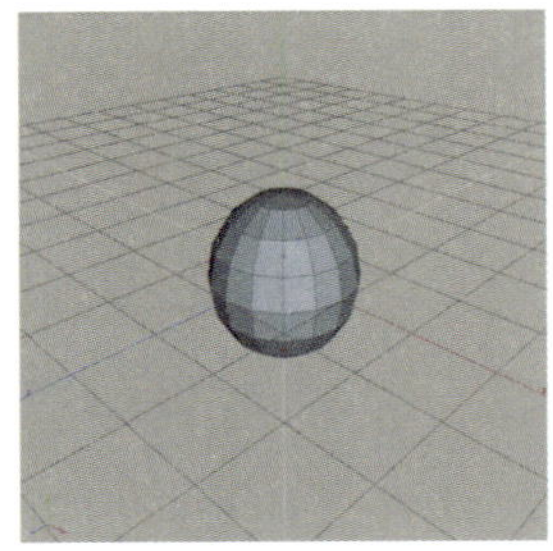

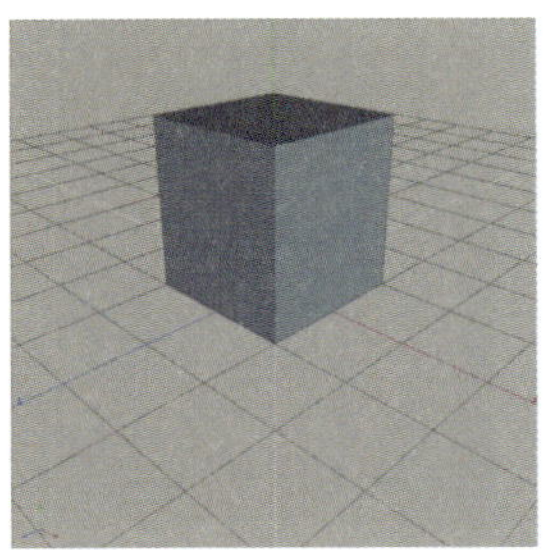

⇒

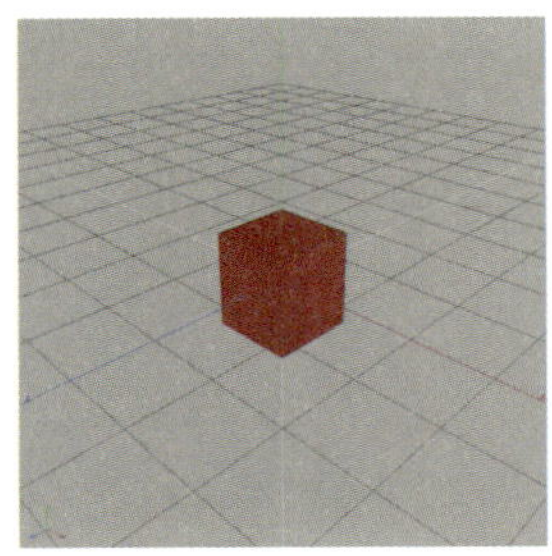

[적용 전] [적용 후]

◎ Connect : 모서리와 모서리 사이, 모서리와 점 사이를 연결하는 선을 그어 모서리, 면, 객체를 필요한 형태와 크기로 잘라내는 기능이다.

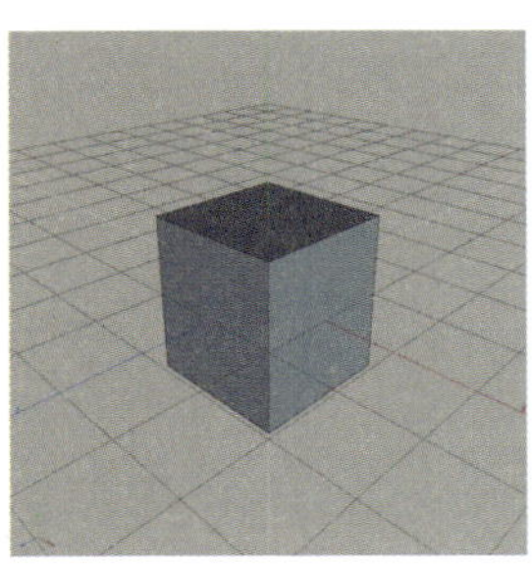

⇒

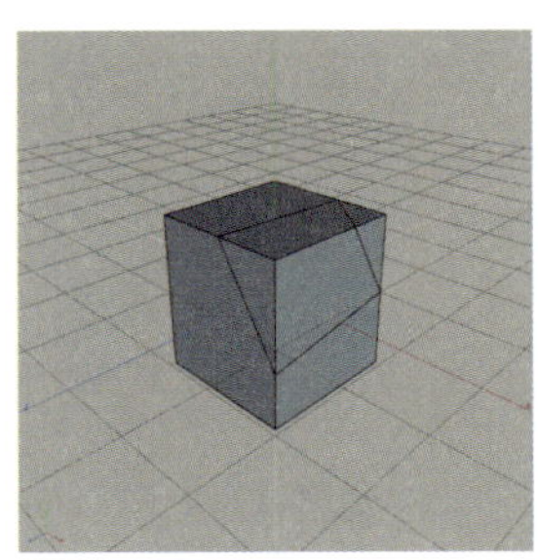

[적용 전] [적용 후]

### 6) Window (창 메뉴)

| 명 령 어 | 설 명 |
|---|---|
| Outliner | 작업 트리창 |
| Geometry Graph | 객체 관리자창 |
| Palette | 색상창 |
| New Geometry Window | 새로운 메인화면창 |
| UV Editor Window | UV 에디터창 |

※ 상세 설명

◎ Outliner : 객체에 적용된 빛, 재질, 이미지의 정보를 알 수 있는 창을 보여준다.

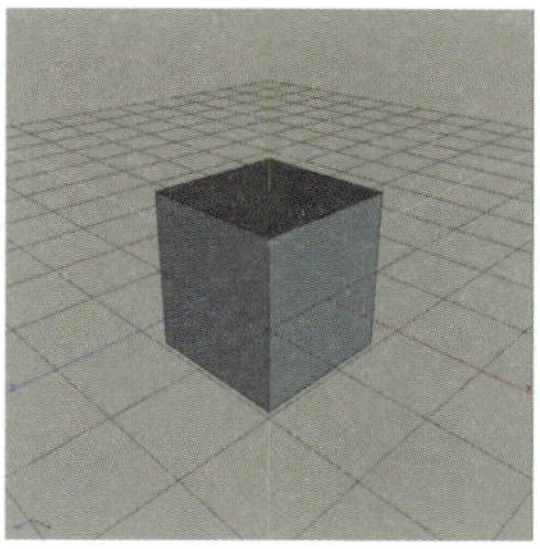

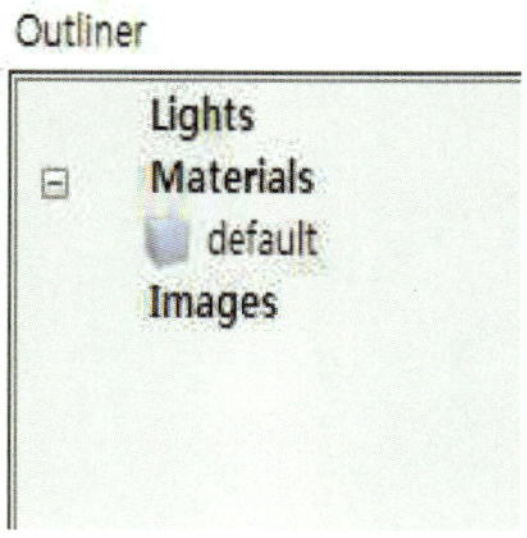

◎ Geometry Graph : 해당 객체를 숨기거나 잠그기 또는 윤곽선만 보이게 할 때 사용. 세 가지 기능은 해당 버튼을 클릭하면 적용되고 Toggle로 반대 기능도 적용할 수 있다.

잠그기 기능은 기존의 객체에서 제3의 객체를 생성, 수정할 때 유용하다.

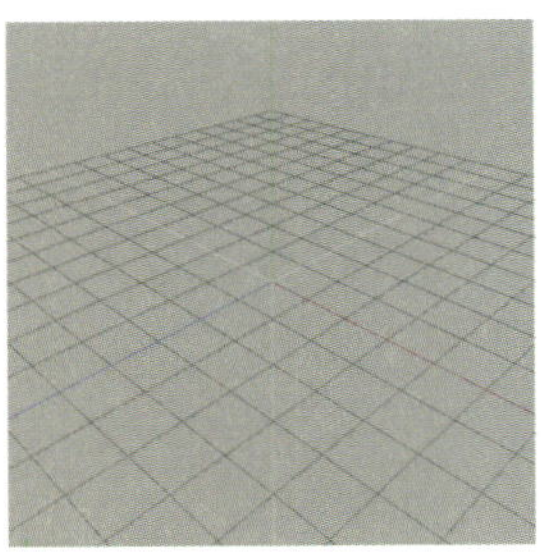

(숨기기)

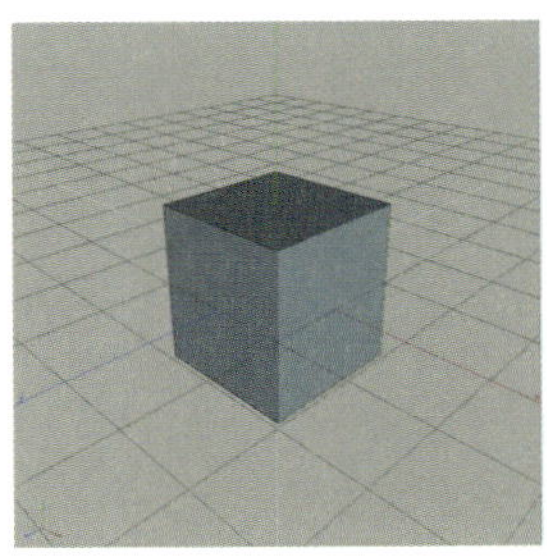

(잠그기)

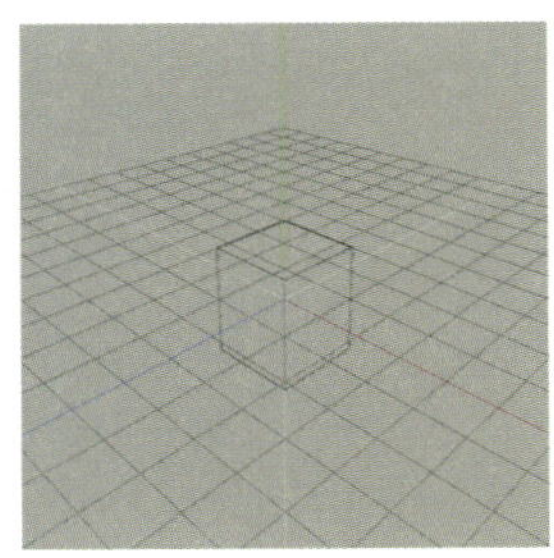

(윤곽선만 보이기)

◎ Palette : 객체의 색상을 변경할 수 있는 창을 보여준다.

객체를 면 모드로 선택하면 선택된 면의 색상만 변경되고 객체 모드로 선택하면 객체 전체의 색상이 변경된다.

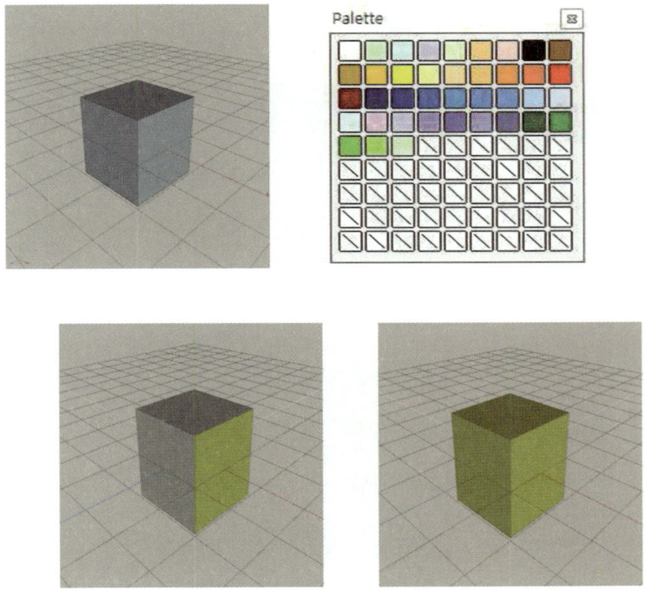


◎ New Geometry Window : 동일한 창을 복제하고 싶을 때 사용한다. 이때 객체에 수행하는 작업의 내용은 다른 모든 창에 똑같이 적용된다. 다른 시점에서 객체를 관찰하며 작업을 수행할 수 있다.

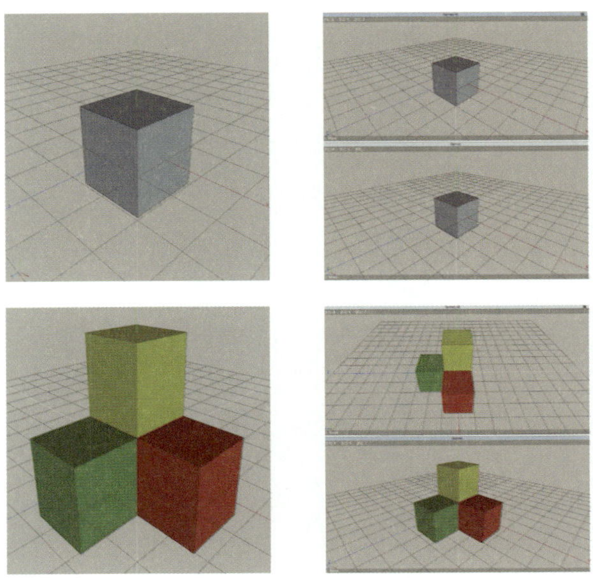

(하나의 창에 작업을 수행하면 그 결과가 모든 창에 동시에 적용된다.)

## 7) Help (도움말 메뉴)

| 명 령 어 | 설 명 |
|---|---|
| Getting Started | 시작하는 법에 대한 도움말 |
| Using a Mouse With One Or Two Buttons | 마우스 원버튼과 투버튼에 대한 도움말 |
| French and German Keyboards | 프랑스와 독일어 키보드에 대한 도움말 |
| Defined Hotkeys | 단축키의 정의 |
| How to define Hotkeys | 단축키를 정하는 방법 |
| Light Basics | 기초적인 조명 사용법 |
| Advanced Menus | 고급메뉴에 대한 설명 |
| Default Commands | 기본 명령어 사용법 |
| Performance Tips | 실행 정보 |
| OpenGL Info | OpenGL 정보 |
| About Wings 3D | Wings 3D의 정보 |

# 제 3 장

# 아이콘바(Icon Bar)

# 제3장. 아이콘바(Icon Bar)

| 아이콘 | 기 능 | 설 명 |
|---|---|---|
| | 열기 | 파일 불러오기 기능 |
| | 저장 | 파일 저장 기능 |
| | Undo/Redo | 작업의 바로 이전단계 혹은 다음단계로 이동 |
| | 선택모드 | 점, 선, 면 전체면중 원하는 모드를 선택 |
| | 환경설정 | 사용자에게 맞는 작업 환경을 설정 |
| | Flat/Smooth(Shading) | Flat ↔ Smooth (빛과 조도에 의한 음영부가법) |
| | Orthogonal/ Perspective(View) | 원근투영 ↔ 직교투영 (시점의 변경) |
| | 지평선 | 지평선의 표시여부 선택 |
| | 좌표축 | 좌표축의 표시여부 선택 |

※ 상세 설명

◎ : 이전 단계와 다음 단계로 전환하는 기능이다.

를 클릭하면 객체에 작업을 수행하기 전 상태로 복귀하고 를 클릭하면 원래 작업을 다시 수행한다.

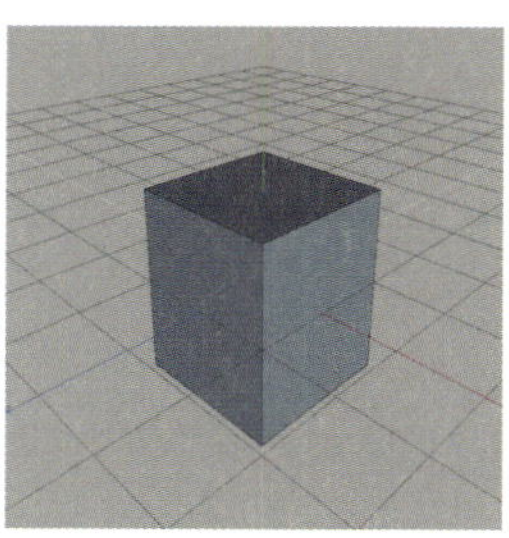

(작업 수행 전)

⇒

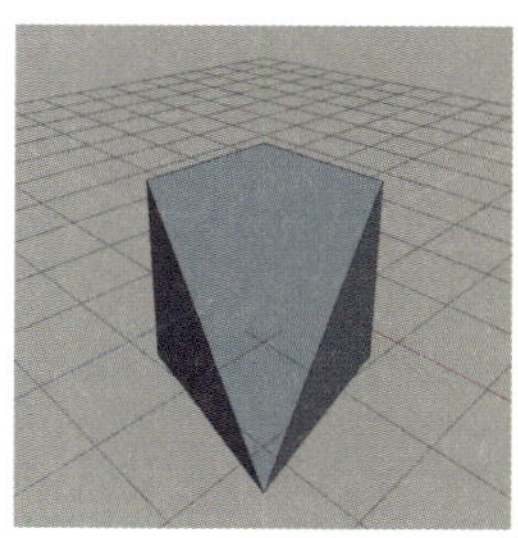

(작업 수행 후)

⇒

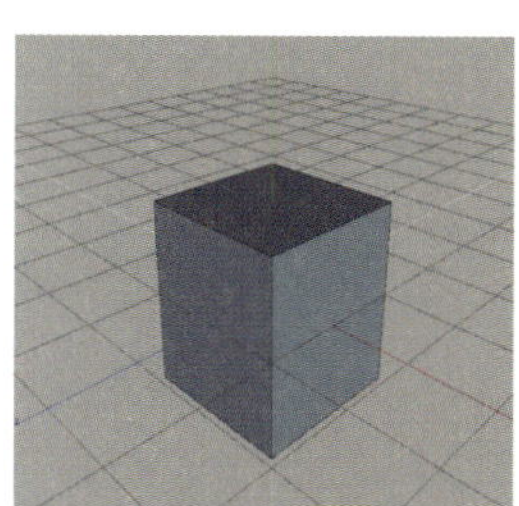

(되돌리기 클릭)

⇒

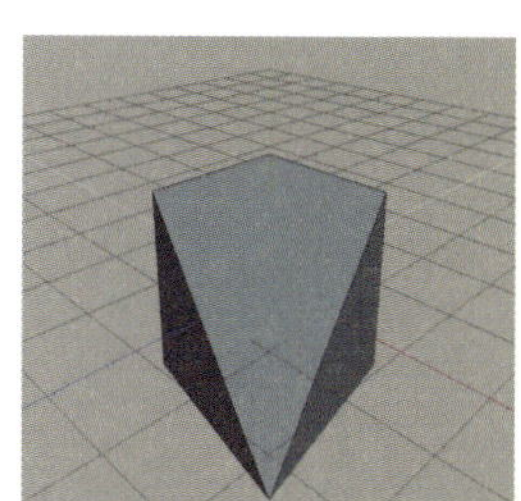

(다시하기 클릭)

◎  : 점, 모서리, 면, 객체 중 원하는 모드를 선택한다.

점 모드에서는 꼭짓점을, 모서리 모드에서는 모서리를, 면 모드에서는 면, 객체 모드에서는 객체 전체를 선택할 수 있다.

Vertex(V)

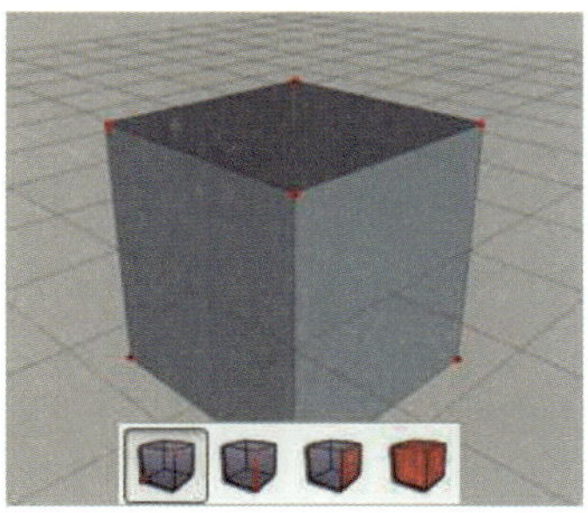

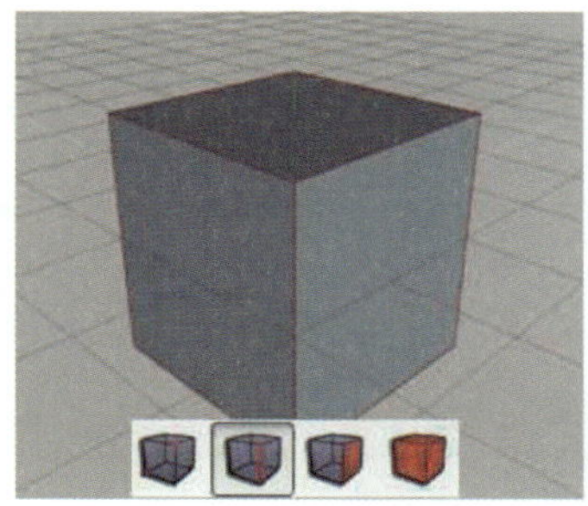

Edges(E)

Faces(F)

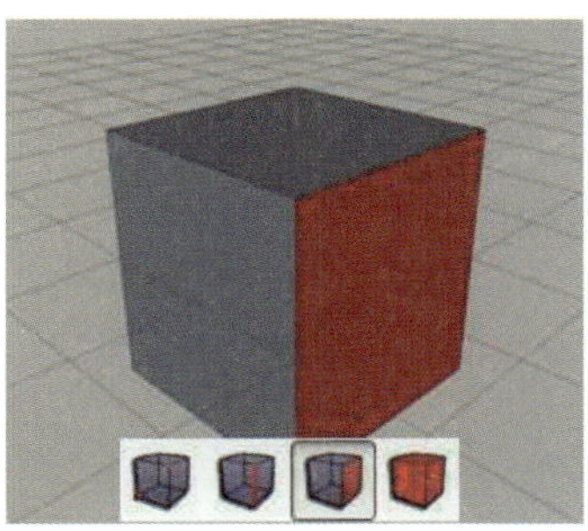

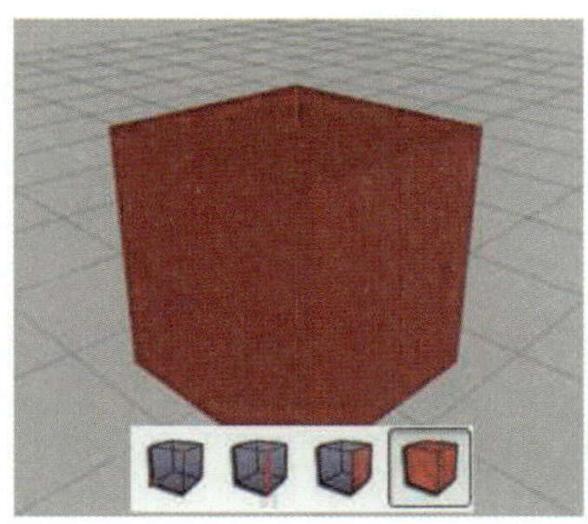

Body(B)

◎  : 환경 설정 창을 불러온다.

일반, 카메라, 고급, 제한, 사용자 인터페이스, 기타 탭 등이 있고 각 탭마다 다양한 설정을 할 수 있다.

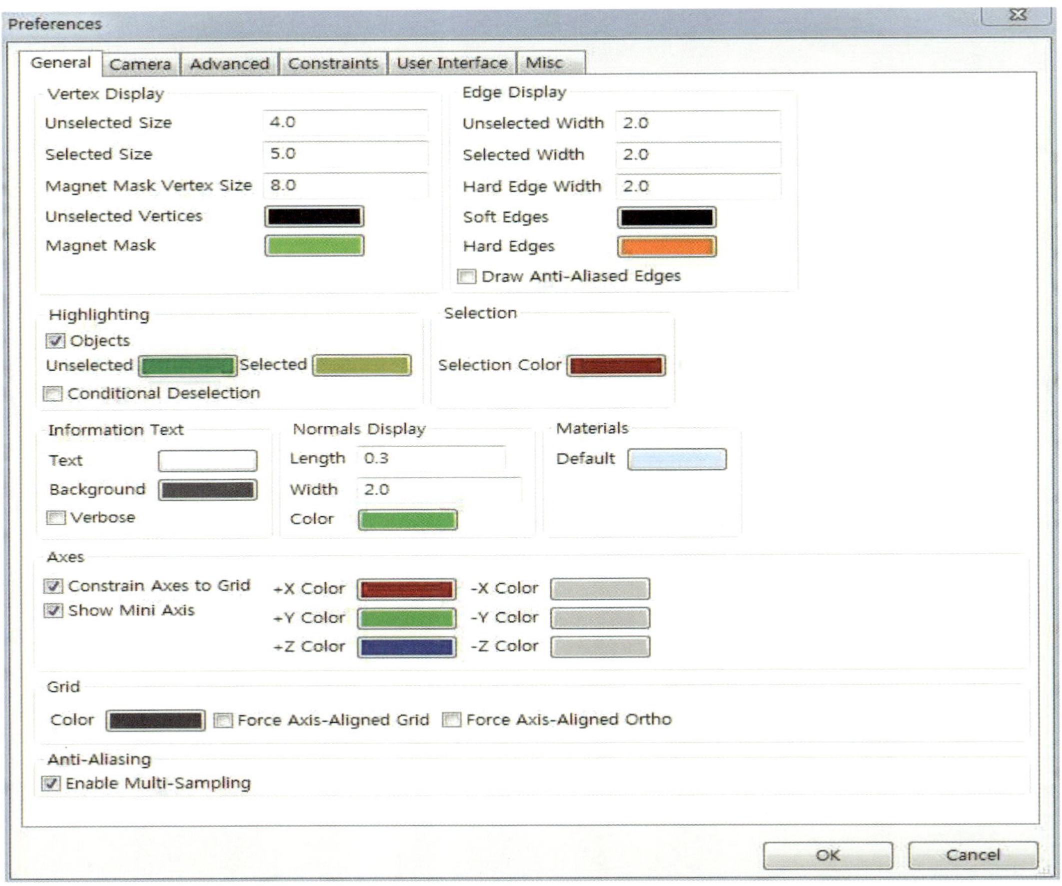


◎  : 2-3) View 메뉴의 Workmode 기능에 대한 아이콘이며 Toggle 버튼으로 동작한다.

※ Workmode : 작업 중인 객체의 출력 모습을 미리 보는 기능이다.

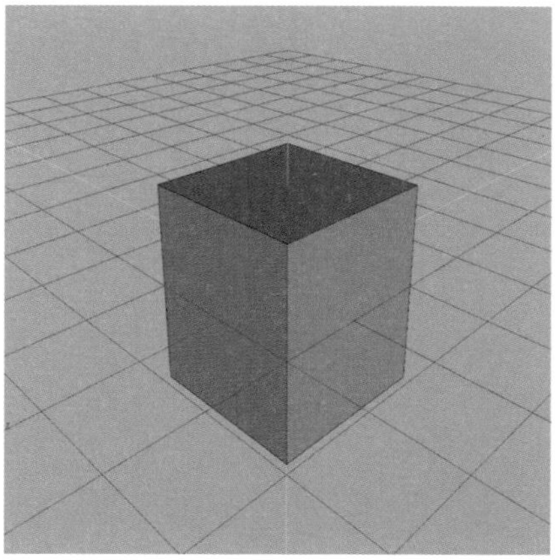 ⇔ 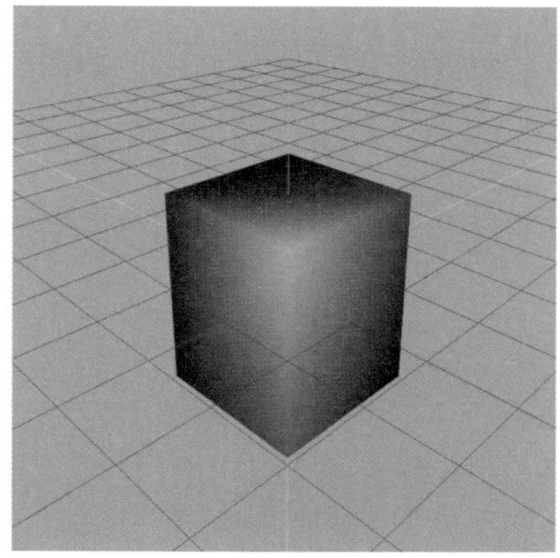

◎  : 2-3) View 메뉴의 Orthographicview(직교뷰) 기능의 아이콘이며 Toggle 버튼으로 동작한다.

※ Orthographic view : 직각 시점으로 볼 때 사용하며 원근감이 사라져 2D처럼 보인다.

※ 직각 시점 : 한 점에 모이는 조감과는 달리, 정확하게 직각을 이루는 시점에서 바라보는 점(네이버 지식백과 인용)

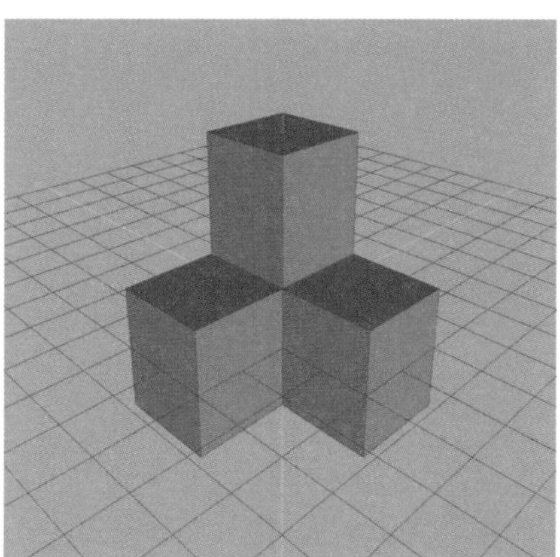 ⇔ 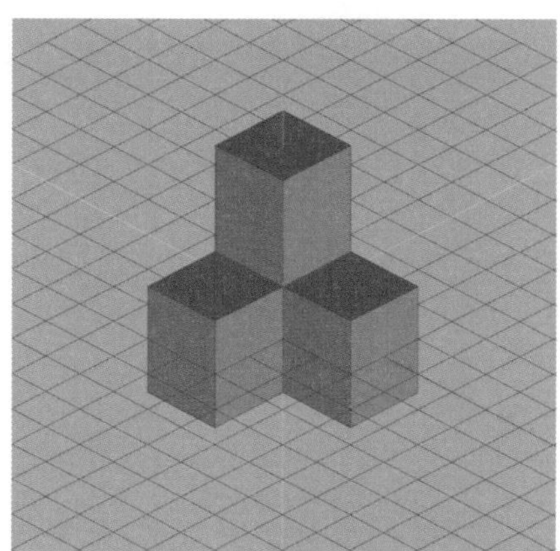

◎ : 지평선을 숨기거나 보여주는 기능으로 Toggle 버튼으로 동작한다.

 ⇔ 

◎ : X, Y, Z 좌표 축을 숨기거나 보여주는 기능으로 Toggle 버튼으로 동작한다.

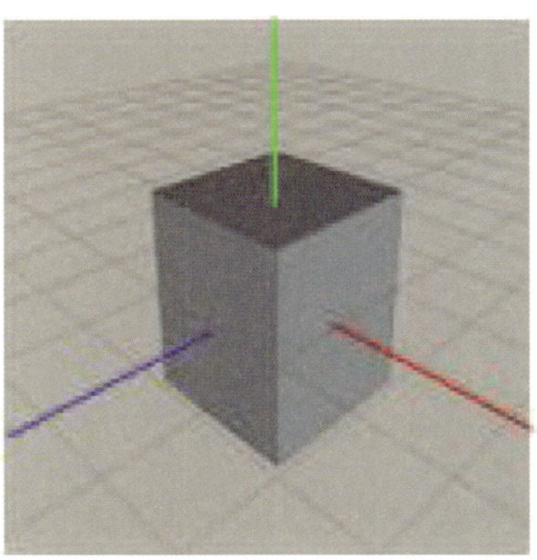 ⇔ 

# 제 4 장

# Wings3D의 기본조작

## 4. Wings3D의 기본조작

### 1) 객체 만들기

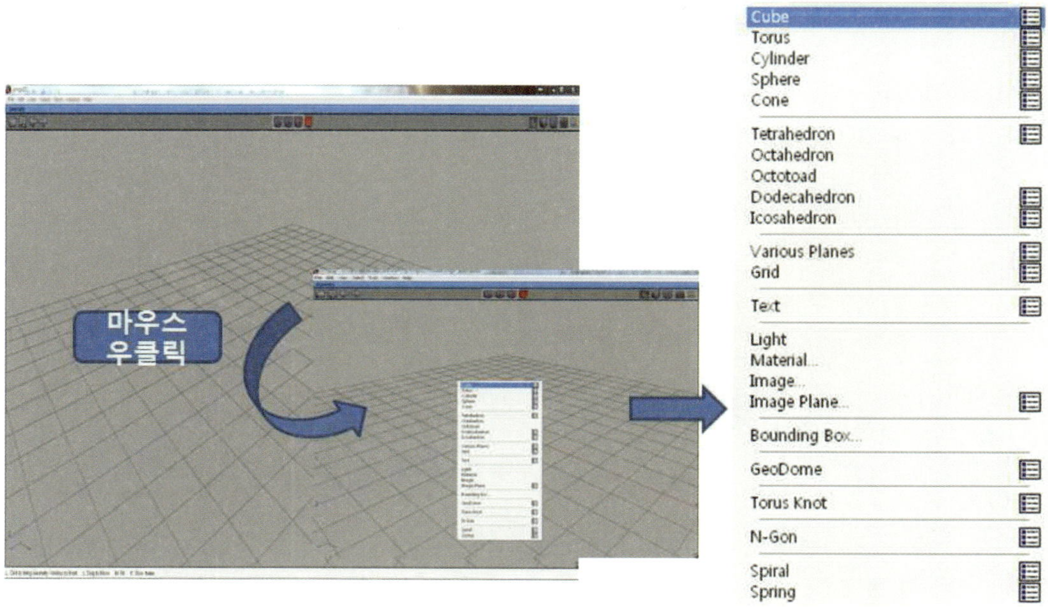


① 메인 화면에서 마우스 커서로 원하는 메뉴를 선택한다.
오른쪽 마우스 버튼을 누르면 선택 메뉴가 나온다.

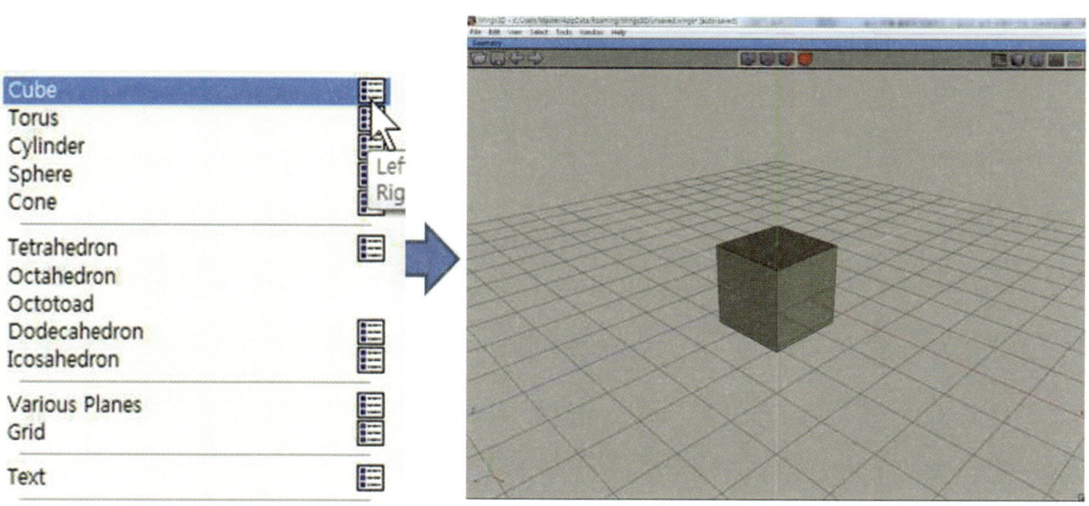


② 원하는 객체를 선택하면 메인화면에 객체가 생성된다.

## 2) 선택 모드 설정에 따른 객체 선택

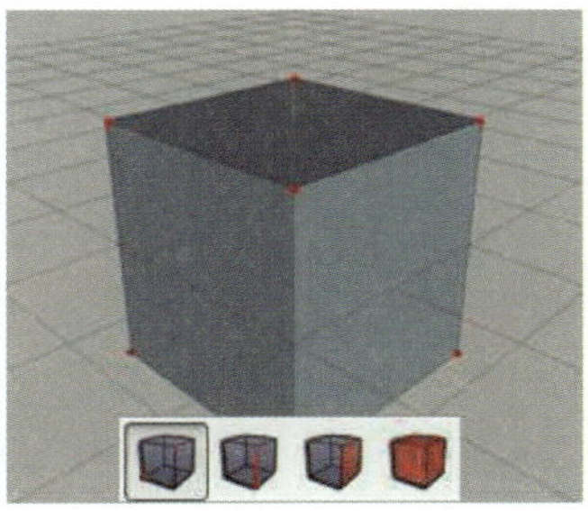
Vertex(V)

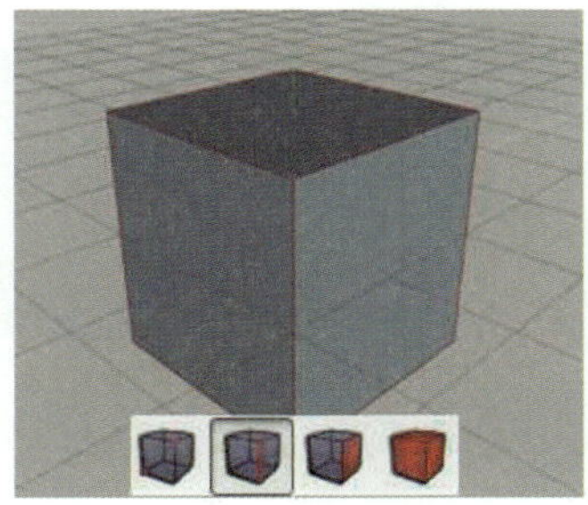
Edges(E)

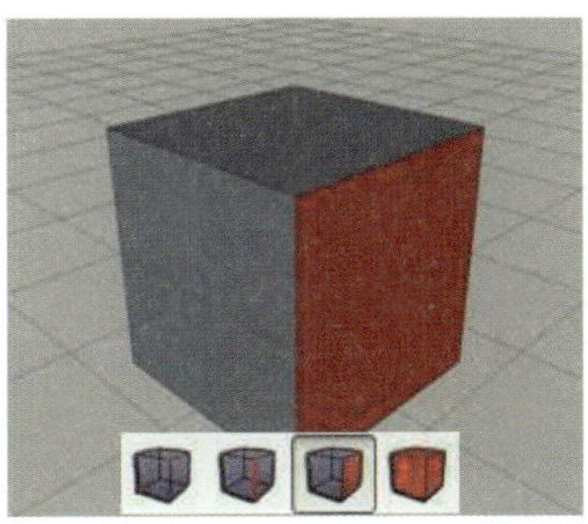
Faces(F)

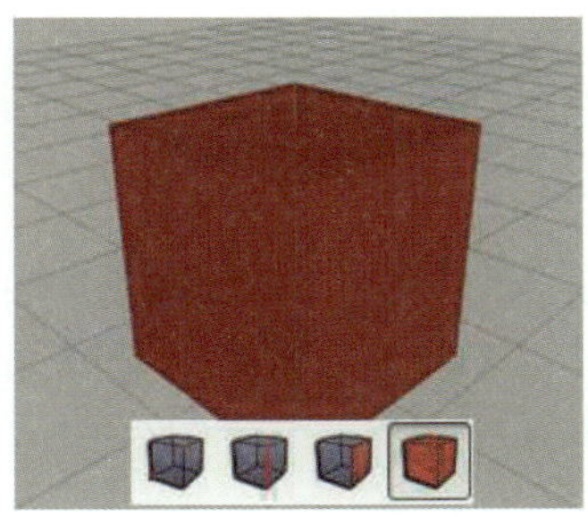
Body(B)

① 선택 모드에 따라 Vertex(점), Edges(선), Faces(면), Body(전체면)으로 조작이 변경된다.

각 선택 모드는 앞의 글자를 따서 Vertex(V), Edges(E), Faces(F), Body(B)의 단축키로 조작이 가능하며 단축키를 사용하면 효율적인 작업이 가능하다.

## 3) 객체의 선택과 해제(Faces 모드일 때)

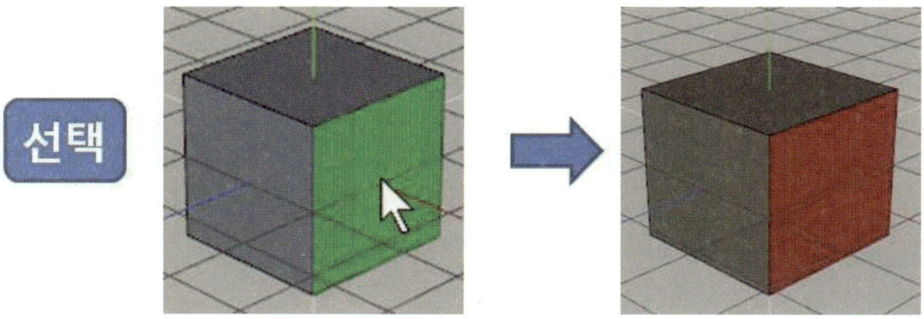


① 마우스 커서를 객체에 가져가면 초록색으로 활성화되고, 마우스 왼쪽 버튼을 눌러 선택하면 선택된 영역은 빨간색으로 표시된다.

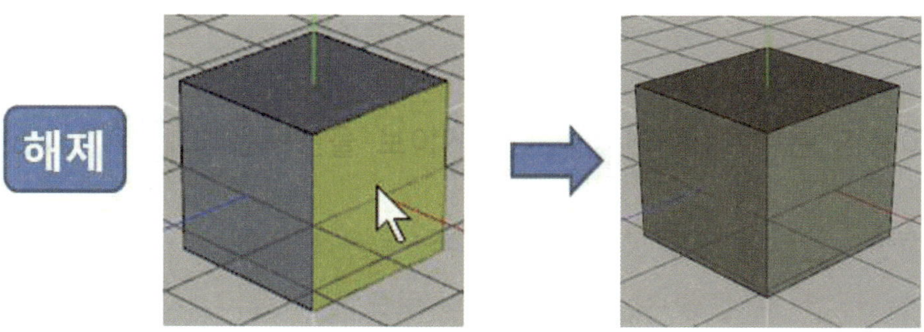


② 선택한 객체에 마우스 커서를 가져가면 노란색으로 활성화되고 마우스 왼쪽 버튼을 누르면 해제되고 원래 색으로 표시된다.

## 4) 시점을 변경하여 관찰하기

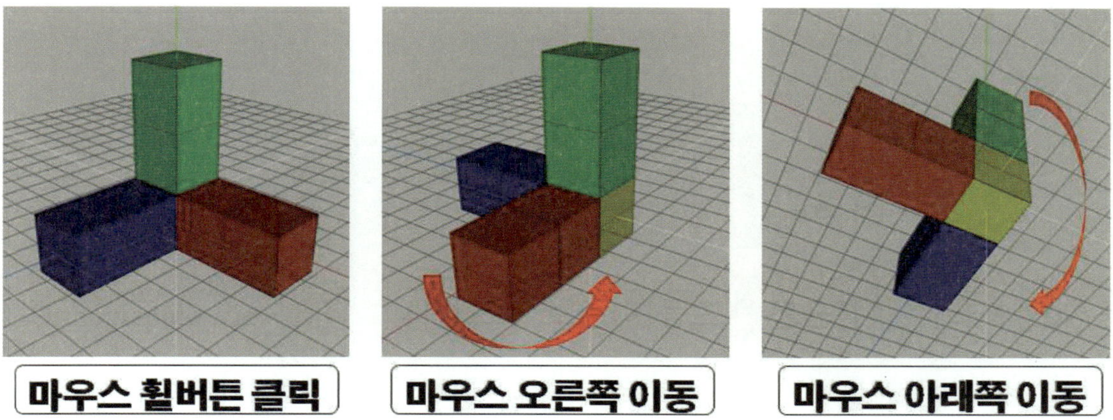


① 마우스 휠 버튼을 1회 클릭하고 마우스를 움직이면 객체를 바라보는 시점을 변경할 수 있다.

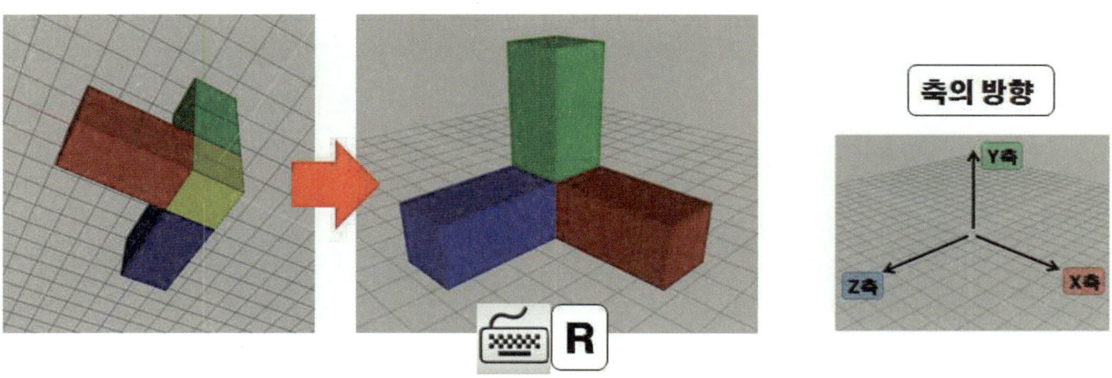


② [R]을 누르면 관측 시점을 최초의 기본 상태로 만든다.

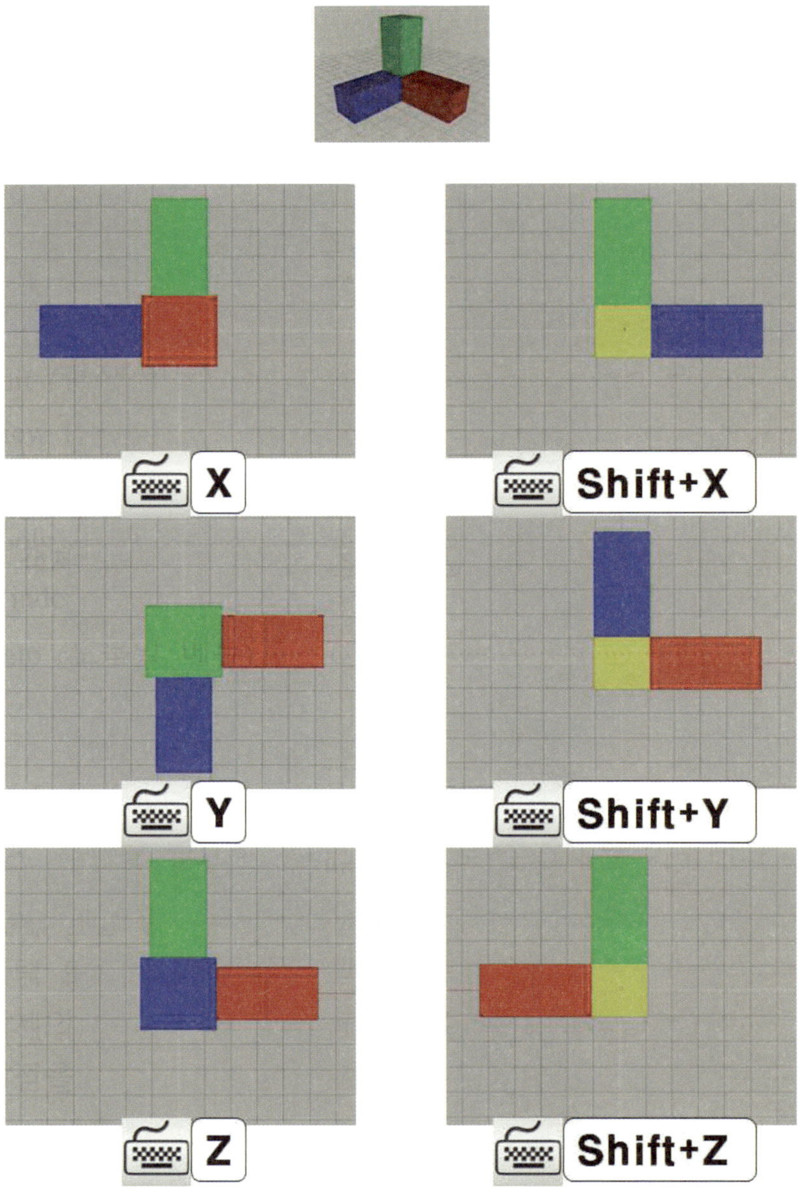


③ 그림에 표시된 단축키를 이용하여 X 축, -X 축, Y 축, -Y 축, Z 축, 및 -Z 축으로 시점 변경이 가능하다.

# 제 5 장

# Wings3D를 활용한 입체도형 만들기

# 제5장. Wings3D로 입체도형 만들기

## 1) 입체도형 만들기 - ① 직육면체 만들기

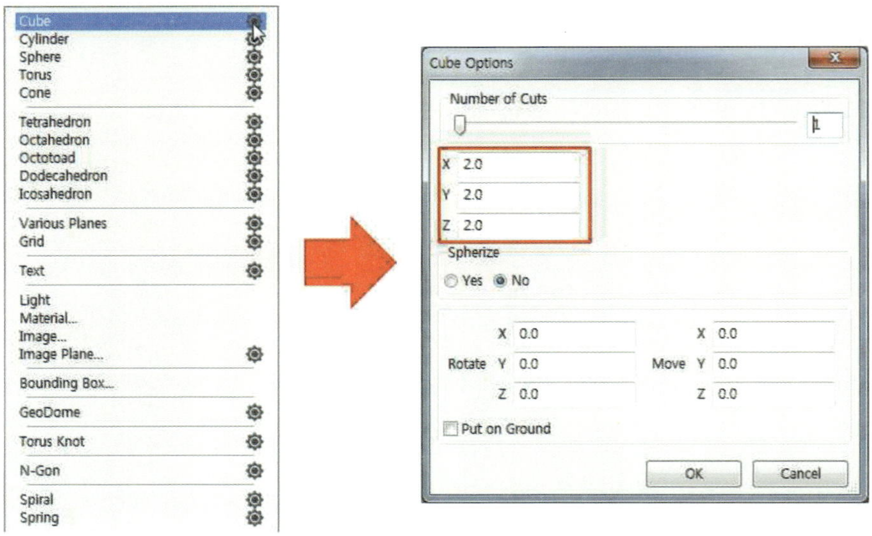


① 메인화면 – 클릭하여 나타난 선택 메뉴에서 Cube 우측의 모양을 클릭하면 Cube Options 창이 나타난다. X, Y, Z 값은 육면체의 길이를 가리킨다.

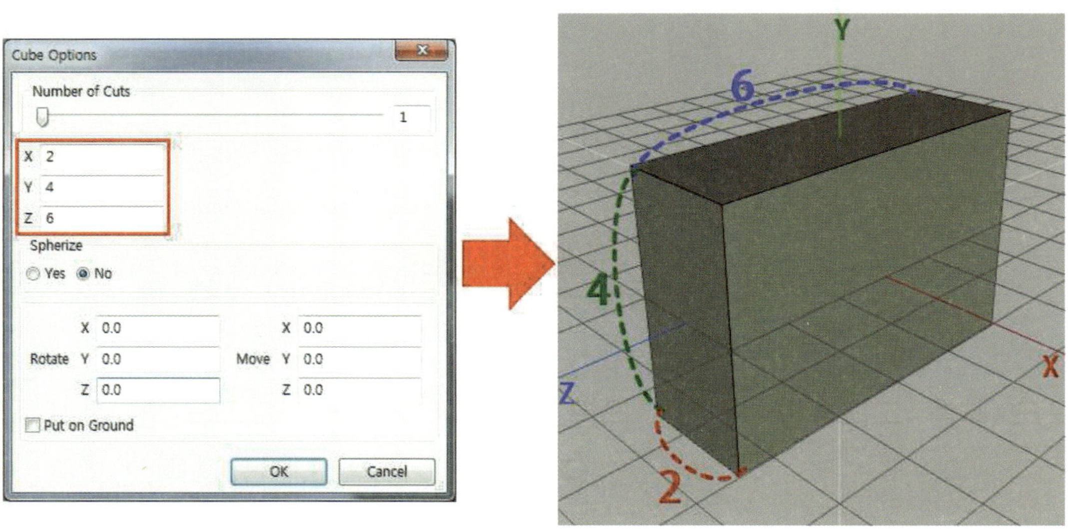


② 원하는 X, Y, Z 값을 입력하고 OK를 클릭하면 직육면체가 만들어진다.
예) X=2, Y=4, Z=6

## ② 정육면체 만들기

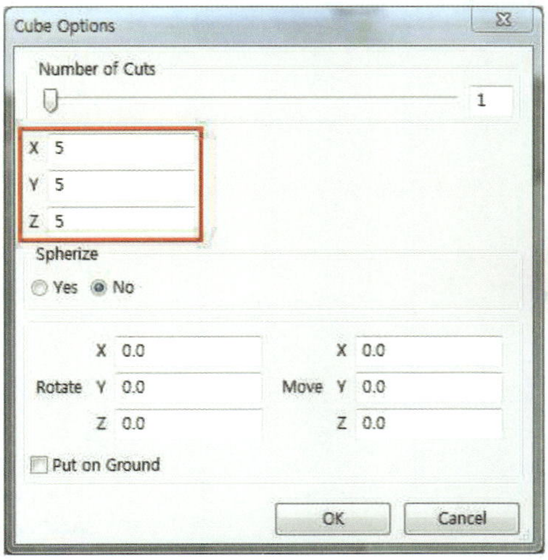


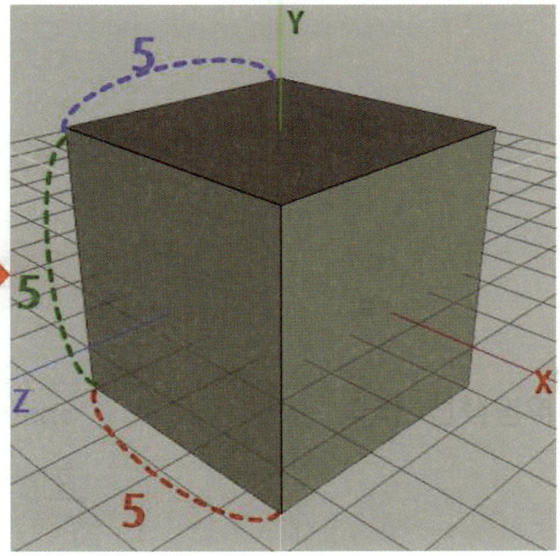


② 같은 X, Y, Z 값을 입력하고 OK를 클릭하면 정육면체가 만들어진다.
예) X=5, Y=5, Z=5

## ③ 삼각기둥 만들기

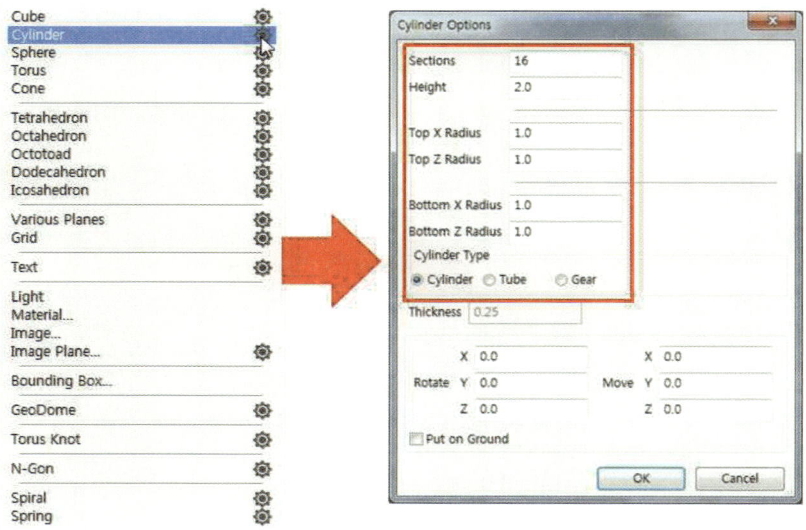


① 메인화면 – 클릭하여 나타난 선택 메뉴에서 Cylinder 우측의 모양을 클릭하면 Cylinder Options 창이 나타난다. Sections은 밑면의 모서리 개수, Height는 기둥의 높이, Radius는 밑면 외접원의 반경을 뜻한다.

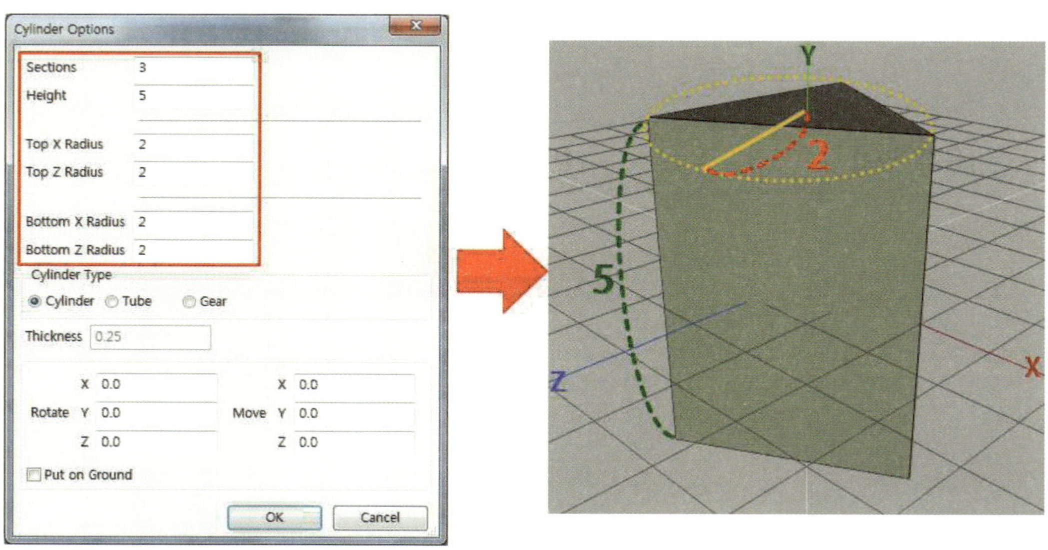


② Sections에 3을 입력하고 원하는 Height, Radius 값을 입력한 다음 OK를 클릭하면 삼각기둥이 만들어진다.

예) Sections=3, Height=5, Top X, Z Radius=2, Bottom X, Z Radius=2

## ④ 사각기둥과 오각기둥 만들기

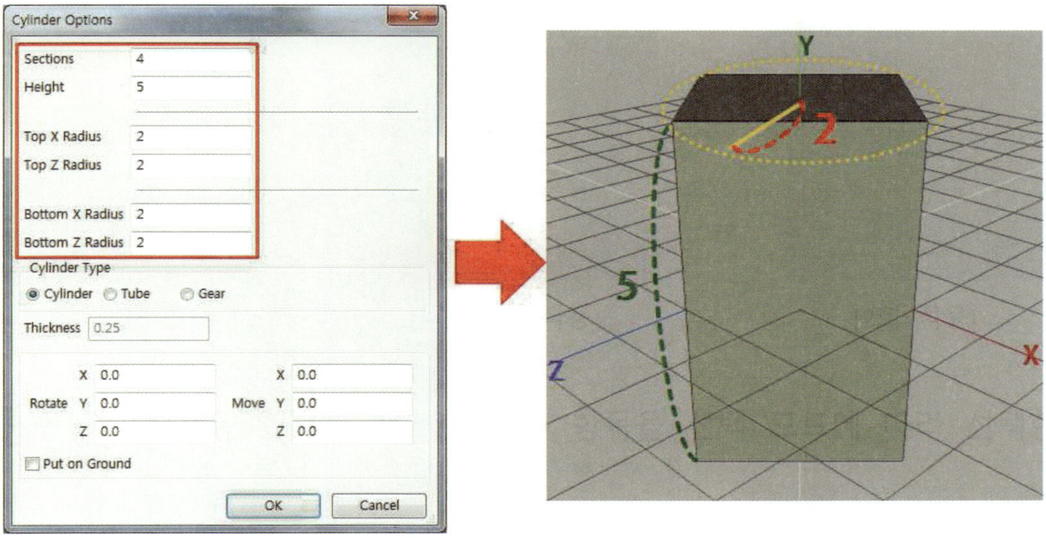


③ Sections에 4를 입력하고 원하는 Height, Radius 값을 입력한 다음 OK를 클릭하면 사각기둥이 만들어진다.
예) Sections=4, Height=5, Top X, Z Radius=2, Bottom X, Z Radius=2

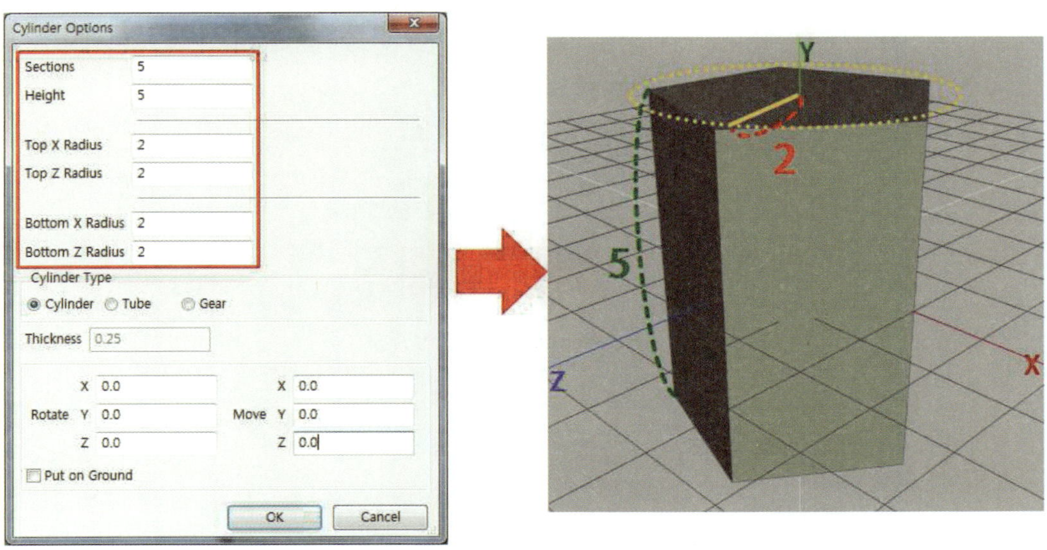


④ Sections에 5를 입력하고 원하는 Height, Radius 값을 입력한 다음 OK를 클릭하면 오각기둥이 만들어진다.
예) Sections=5, Height=5, Top X, Z Radius=2, Bottom X, Z Radius=2

## ⑤ 육각기둥과 원기둥 만들기

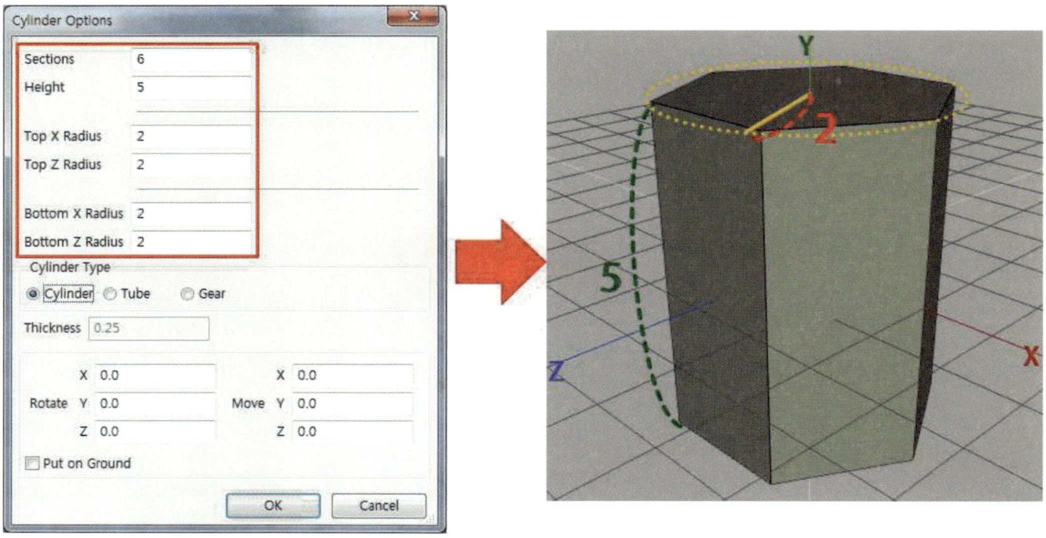


⑤ Sections에 6을 입력하고 원하는 Height, Radius 값을 입력한 다음 OK를 클릭하면 육각기둥이 만들어진다.
예) Sections=6, Height=5, Top X, Z Radius=2, Bottom X, Z Radius=2

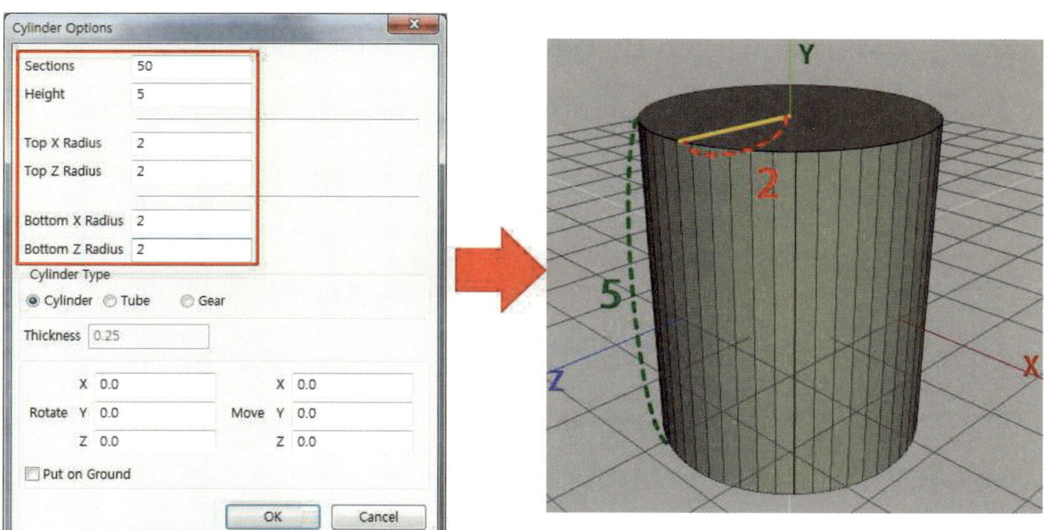


⑥ Sections에 40 이상의 값을 입력하고 원하는 Height, Radius 값을 입력 후 OK를 클릭하면 원기둥이 만들어진다.
예) Sections=50, Height=5, Top X, Z Radius=2, Bottom X, Z Radius=2

## ⑥ 삼각뿔 만들기

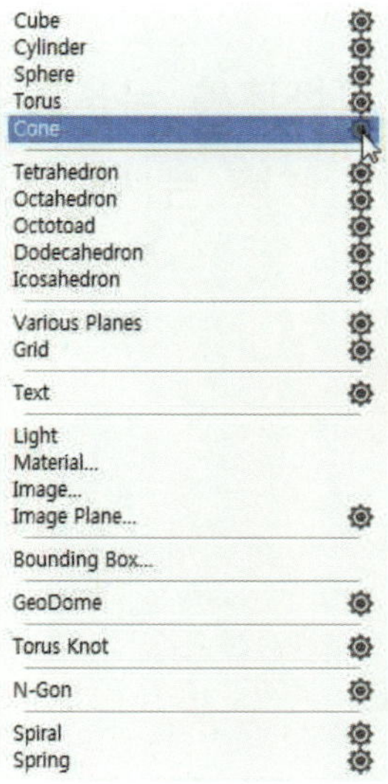


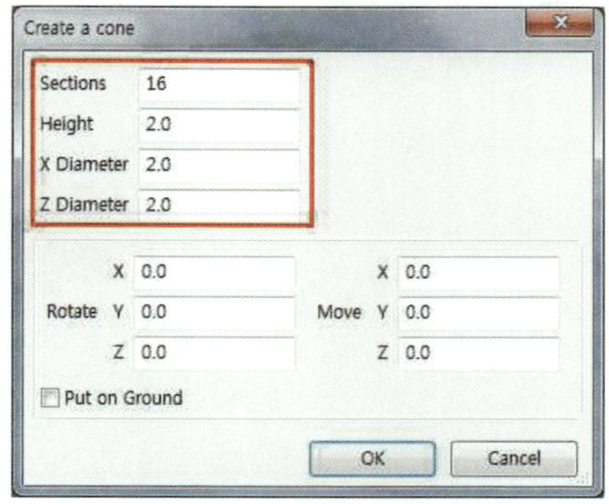


① 메인화면 – 클릭하여 나타난 선택 메뉴에서 Cone 우측의 모양을 클릭하면 Create a cone 창이 나타난다. Sections은 밑면의 모서리 개수, Height는 기둥의 높이, Diameter는 밑면 외접원의 직경을 가리킨다.

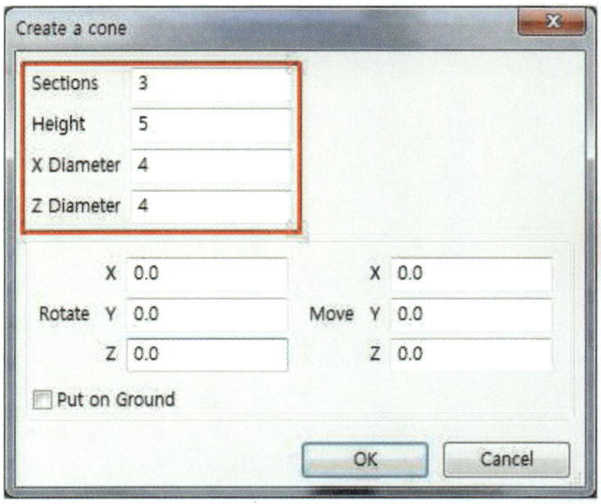


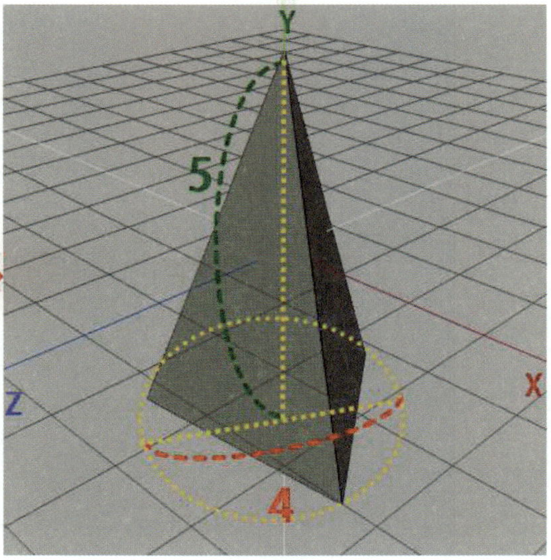


② Sections에 3을 입력하고 원하는 Height, Diameter 값을 입력한 다음 OK를 클릭하면 삼각뿔이 만들어진다.
예) Sections=3, Height=5, X, Z Diameter=4

## ⑦ 사각뿔과 오각뿔 만들기

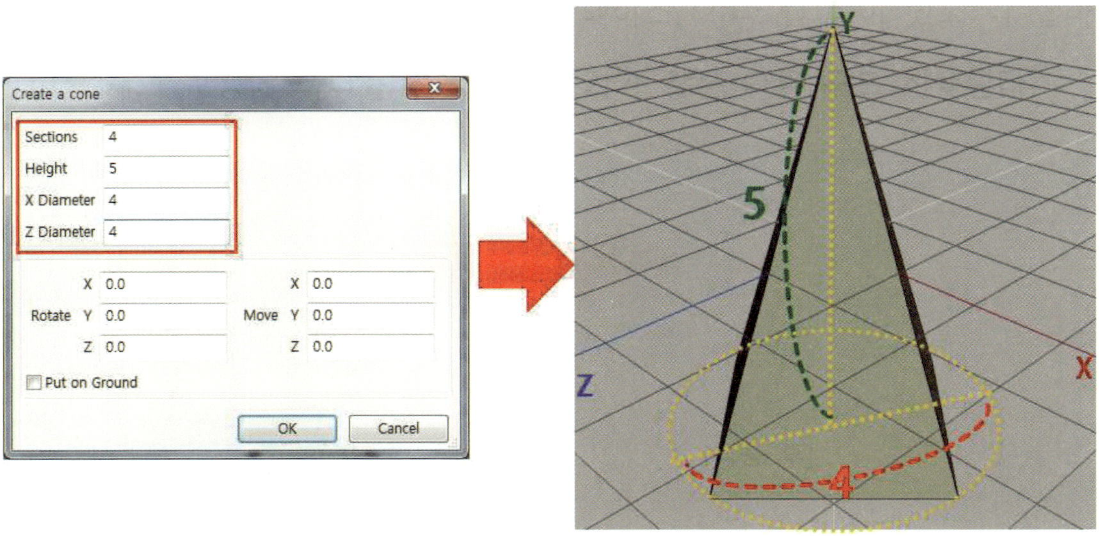


③ Sections에 4를 입력하고 원하는 Height, Diameter 값을 입력한 다음 OK를 클릭하면 사각뿔이 만들어진다.
예) Sections=4, Height=5, X, Z Diameter=4

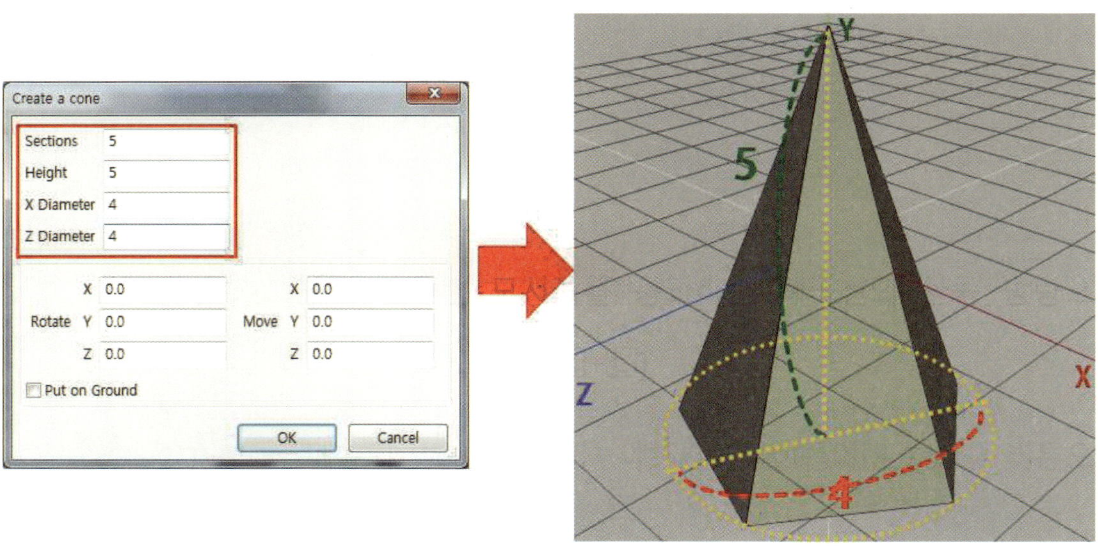


④ Sections에 5를 입력하고 원하는 Height, Diameter 값을 입력한 다음 OK를 클릭하면 오각뿔이 만들어진다.
예) Sections=5, Height=5, X, Z Diameter=4

## ⑧ 원뿔 만들기

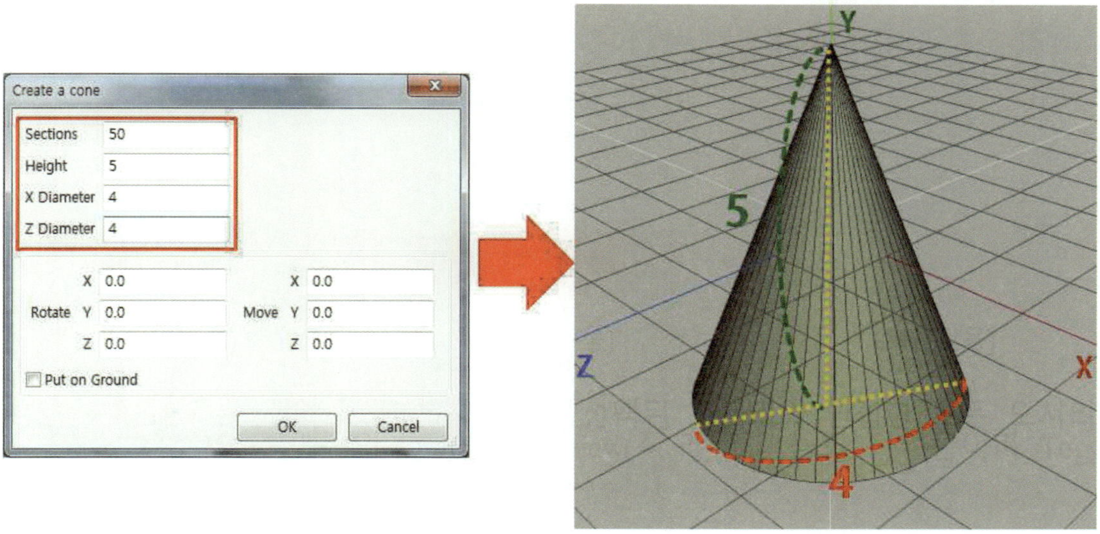


⑤ Sections에 40 이상의 값을 입력하고 원하는 Height, Diameter 값을 입력한 후 OK를 클릭하면 원뿔이 만들어진다.
예) Sections=50, Height=5, X, Z Diameter=4

## ⑨ 구 만들기

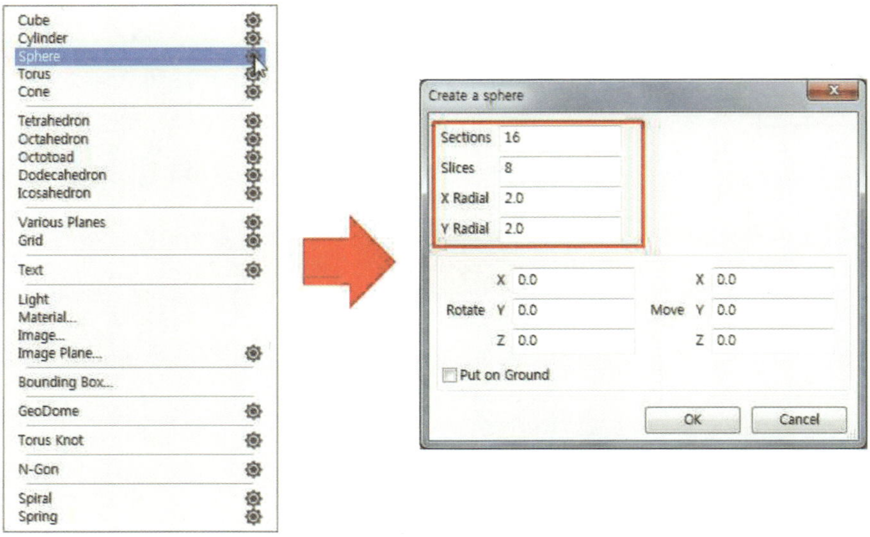


① 메인화면 – 클릭하여 나타난 선택 메뉴에서 Sphere 우측의 모양을 클릭하면 Create a sphere 창이 나타난다. Sections는 세로 모서리 개수, Slices는 가로 모서리 개수, Radial은 구의 직경을 가리킨다.

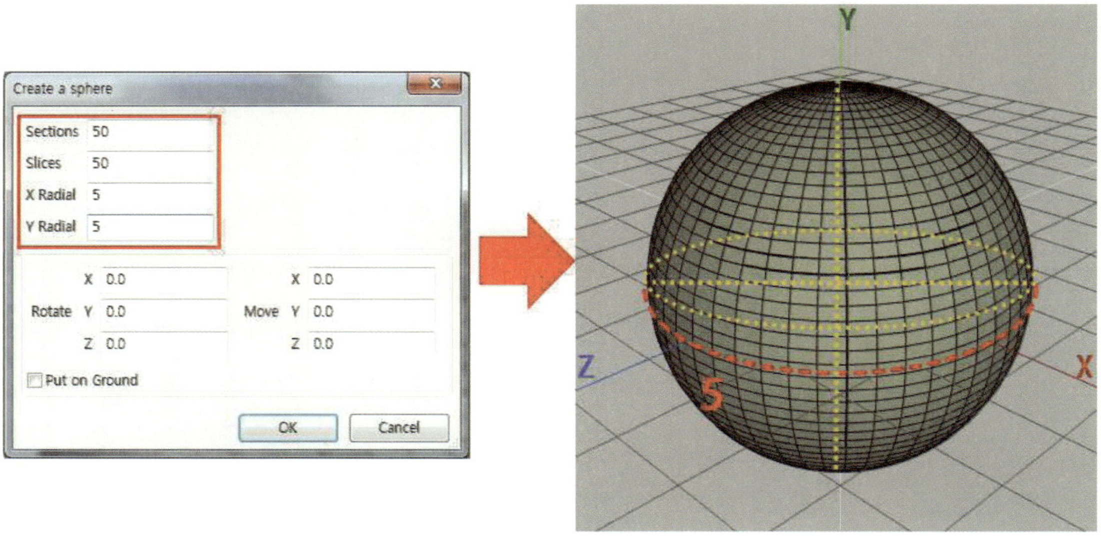


② Sections과 Slices를 40 이상의 값과 원하는 Radial 값을 입력한 다음 OK를 클릭하면 구가 만들어진다.
예) Sections=50, Slices=50, X, Z Radial=5

## 2) 입체도형의 겨냥도

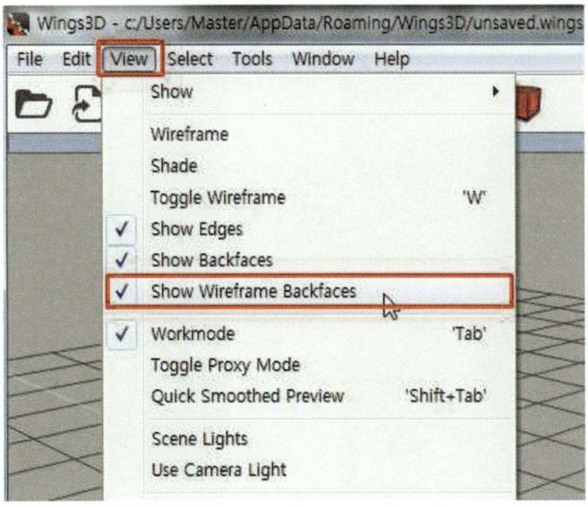


① 메인화면 – View 메뉴 – Show Wireframe Backfaces를 클릭하여 활성화 시킨다.

※ Show Wireframe Backfaces – Wireframe 모드에서 입체도형의 뒤에 있는 면을 나타내는 기능이다.

※ Wireframe – 객체의 질감을 빼고 윤곽선만 보이게 하는 기능이다. [W]

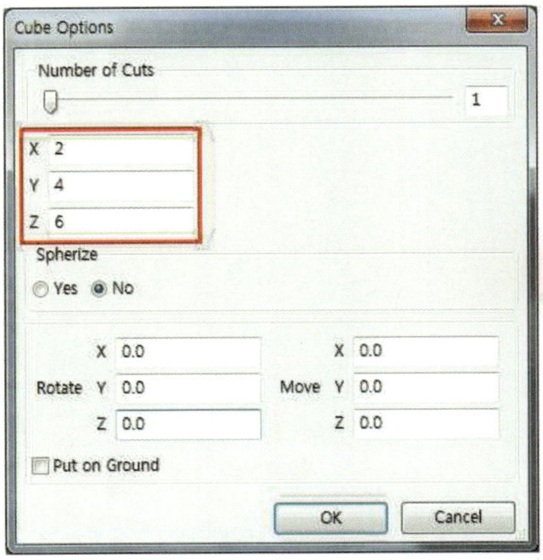


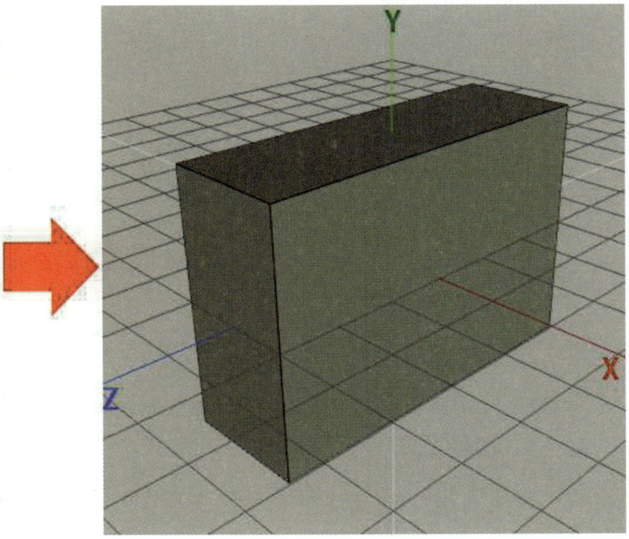


② 직육면체를 만든다.

예) 마우스 클릭 메뉴 ⇨ Cube 우측 ⇨ X=2, Y=4, Z=6

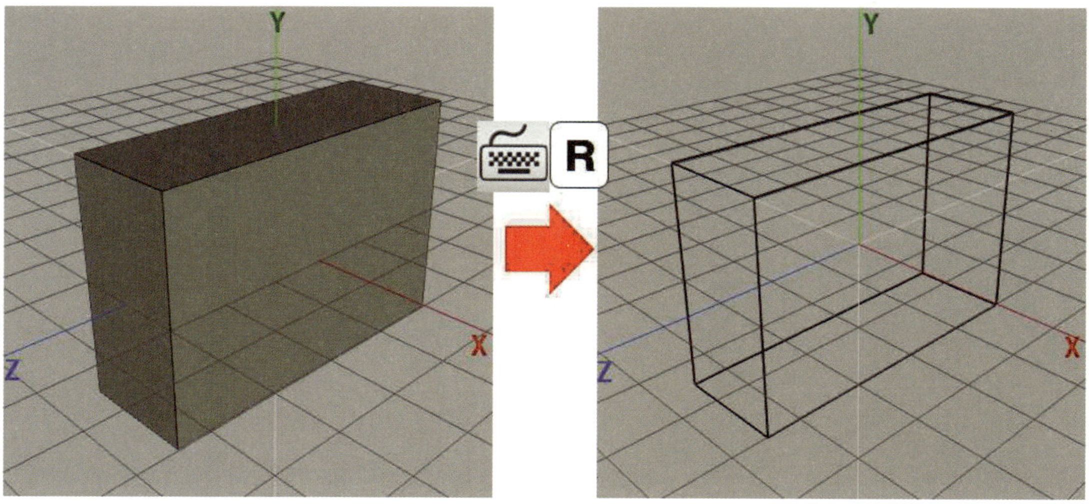


③ [W] 단축키를 누르면 입체도형의 질감이 사라지고 윤곽선만 보는 것이 가능하다. 관측 시점에서 보이지 않는 선들은 점선으로 표시되어야 하지만 아쉽게도 Wings3D에서는 이 기능은 지원하지 않는다.

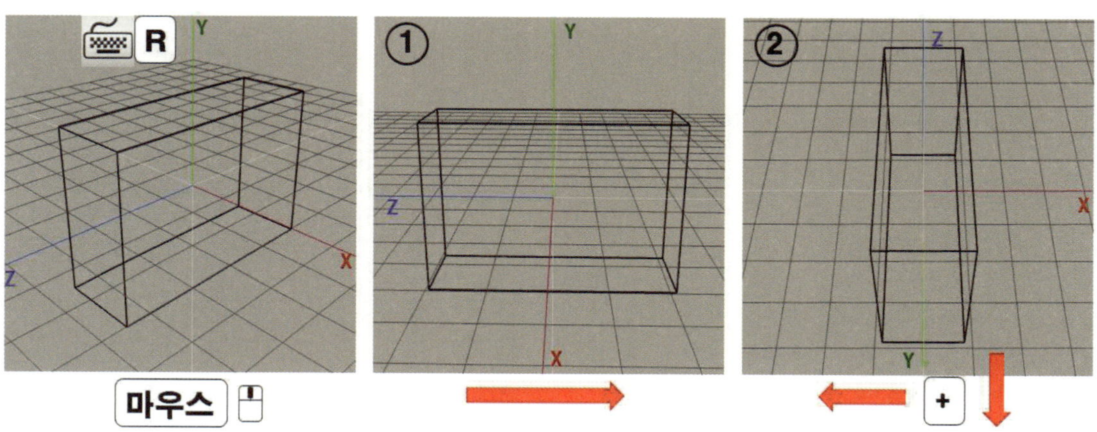


④ [R]을 눌러 기본 시점 보기에서 클릭하고 마우스를 움직이면 직육면체를 회전하면서 여러 각도에서 관찰이 가능하다. 모든 입체도형에 적용이 가능하다.

# 제 6 장

# 입체도형 전개도 만들기

# 제6장. 입체도형 전개도 만들기

## 1) 정육면체의 전개도

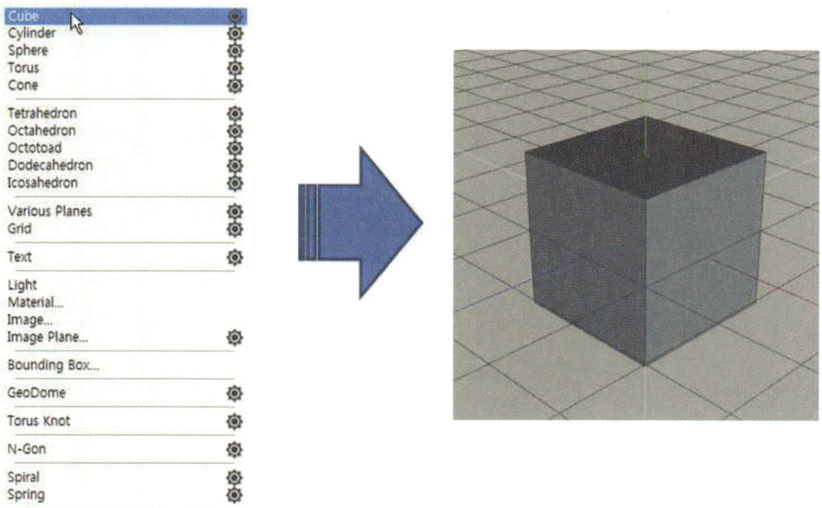


① 메인화면 – 클릭한다.

② 개체 선택 메뉴에서 Cube를 선택한다.

③ 하나의 정육면체의 도형이 생성된다.

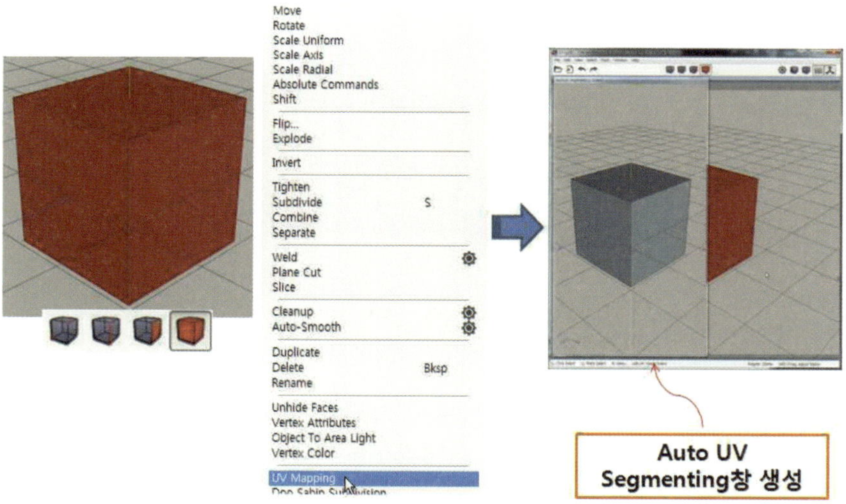


④ 선택 모드를 Body(전체면)[B]로 선택하고 정육면체를 선택한다.

⑤ 클릭 후 전체면 조작 메뉴에서 UV Mapping 명령어를 실행하면 새로운 AutoUV Segmenting 창이 나타난다.

⑥ AutoUV Segmenting 창에도 기존 창에서 생성되어 있던 객체가 만들어진다.

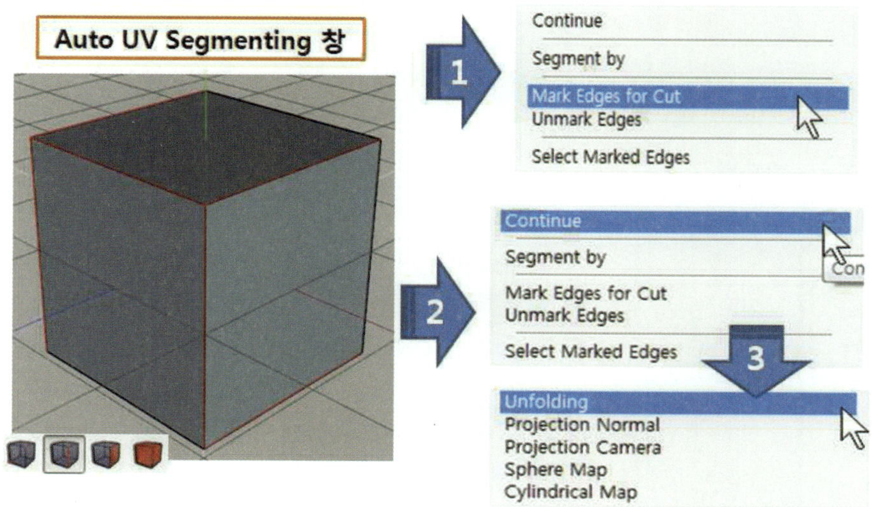


⑦ AutoUV Segmenting 창의 정육면체에서 자를 모서리를 선택하고 클릭 - 메뉴에서 Mark Edges for Cut을 선택한다.

⑧ 다시 클릭 - 메뉴에서 Continue - Unfolding을 선택하면 새로운 AutoUV 창에서 정육면체의 전개도를 볼 수 있다.

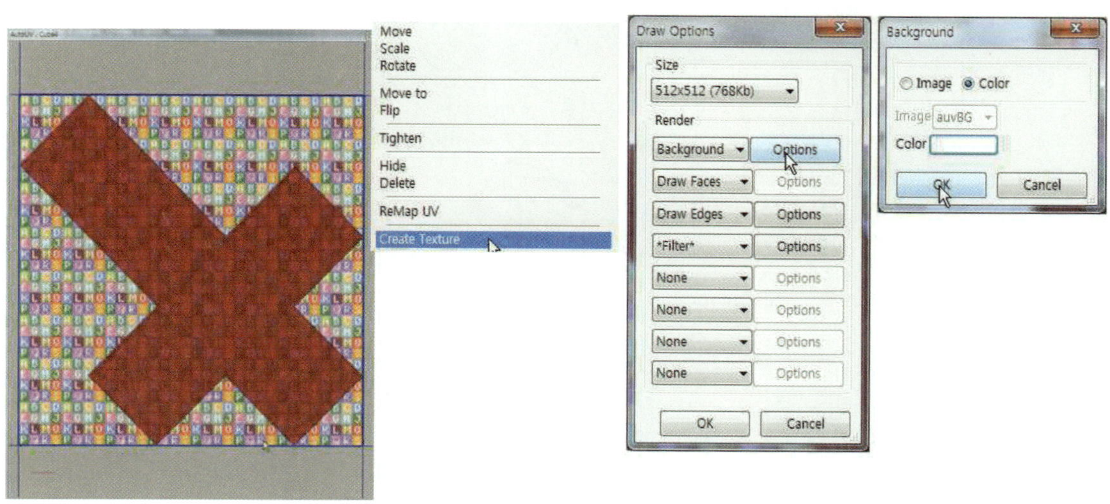


⑨ AutoUV 창에서 클릭 - 메뉴의 Create Texture를 선택한다.

⑩ Draw Options 창에서 Background 옆의 Options을 선택한다.

⑪ Background 창에서 Color를 선택하고 흰색으로 설정 후 OK를 선택한다.

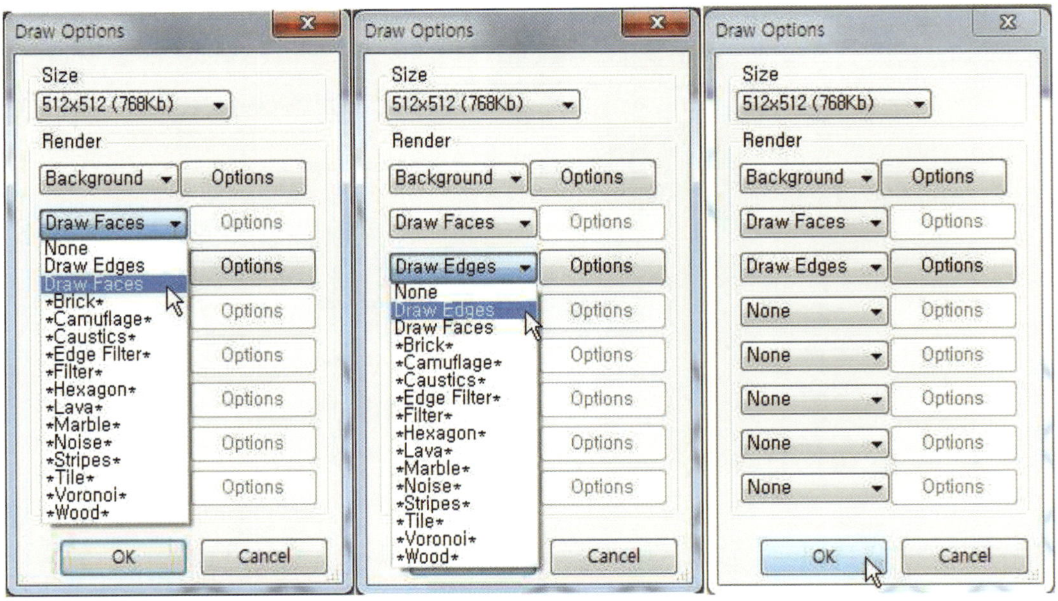


⑫ Draw Options 창의 기능 선택에서 Draw Faces를 선택한다.
⑬ ⑫번의 기능 선택 바로 아래 기능 선택에서 Draw Edges를 선택한다.
⑭ Draw Options 창에서 OK를 선택한다.

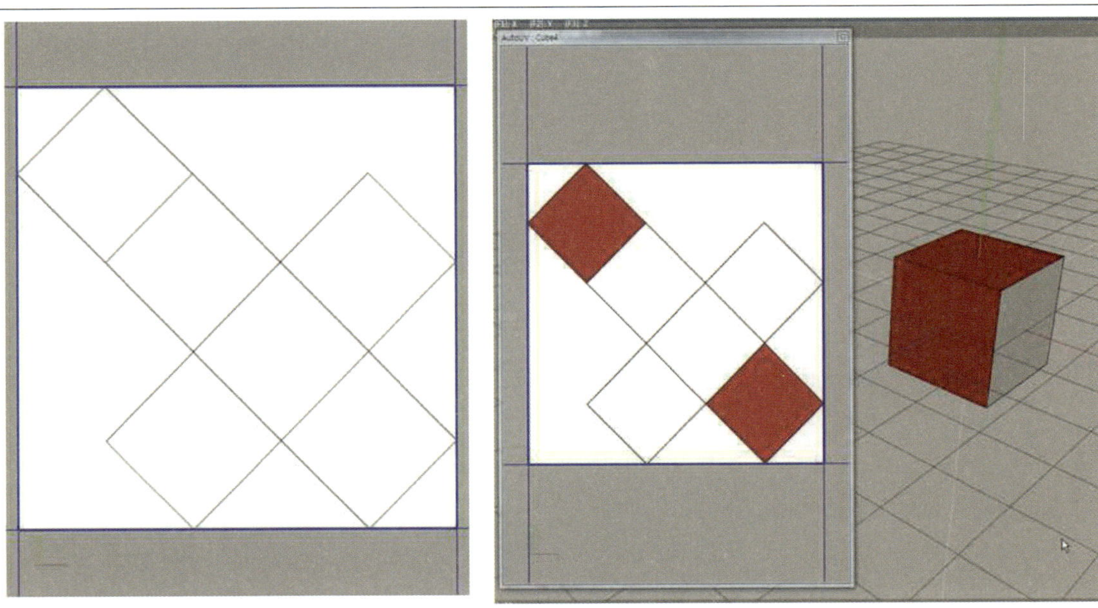

⑮ 완성된 정육면체의 전개도를 볼 수 있다.
⑯ AutoUV 창의 전개도와 메인 창의 정육면체를 선택해 보면 유기적으로 연결되어있음을 알 수 있다.

## 2) 직육면체의 전개도

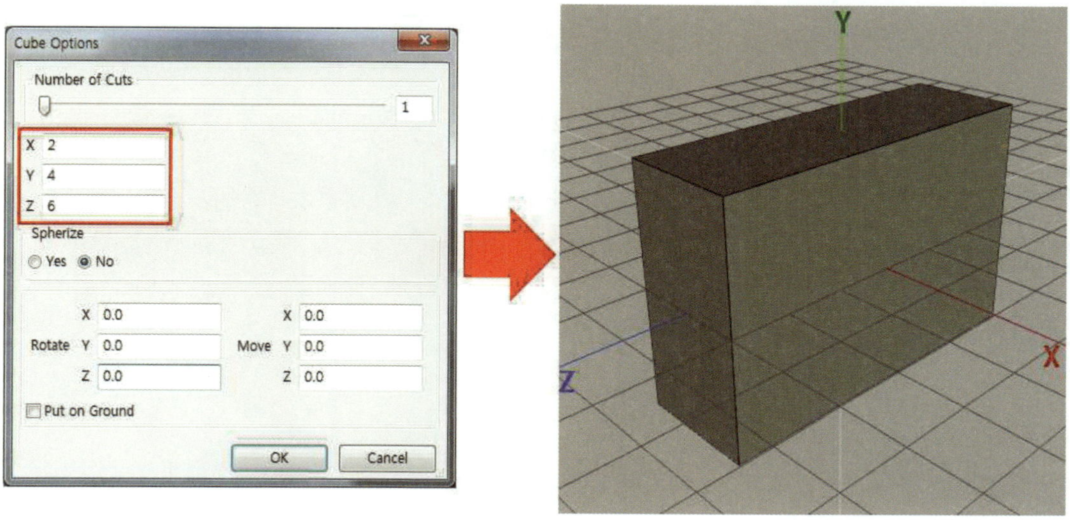


① 직육면체 도형을 만든다.

예) 마우스 클릭 메뉴 ⇨ Cube 우측 ⇨ X=2, Y=4, Z=6

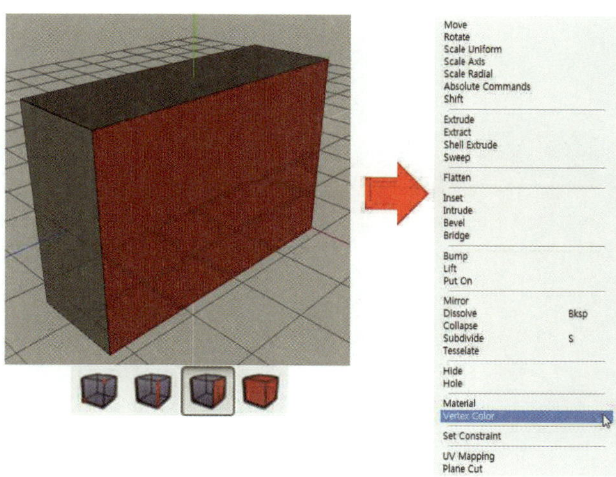


② Face(면)[F] 선택 모드에서 직육면체의 한 면을 선택한다.

클릭 메뉴에서 Vertex color를 선택한다.

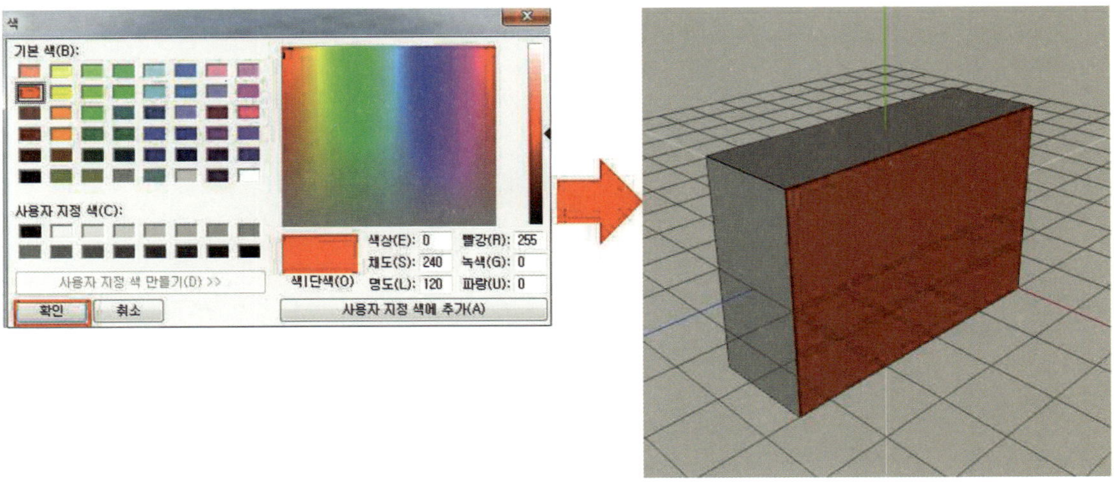


③ 빨간색을 선택하고 확인을 클릭하면 직육면체의 X축 면이 빨간색으로 변한다.

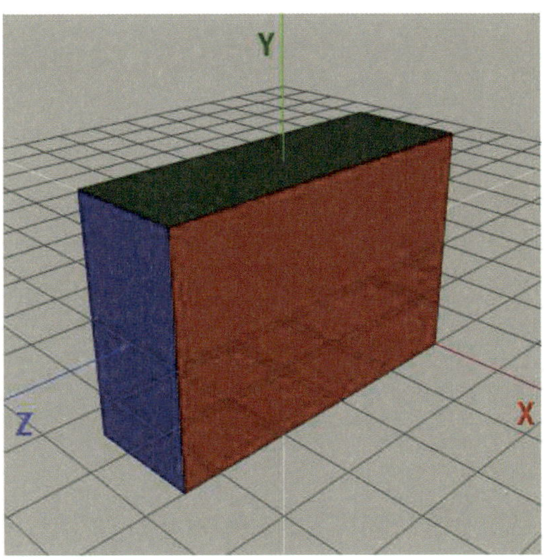


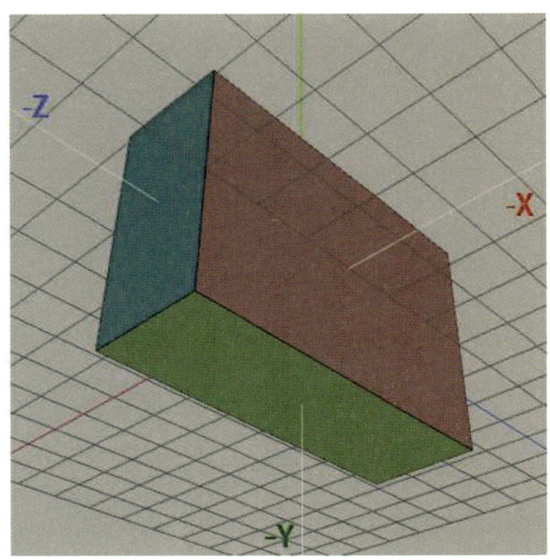


④ ③번의 작업을 반복하여 X 축: 빨간색, Y 축: 녹색, Z 축: 파란색, -X 축: 분홍색, -Y 축: 연두색, -Z 축: 하늘색으로 직육면체의 색상을 변경한다.

※ 전개도를 만들 때 색상을 넣으면 각각의 면이 전개되는 모습을 쉽게 구분할 수 있어 편리하다.

## ※ 선택된 모서리 색상 변경하기

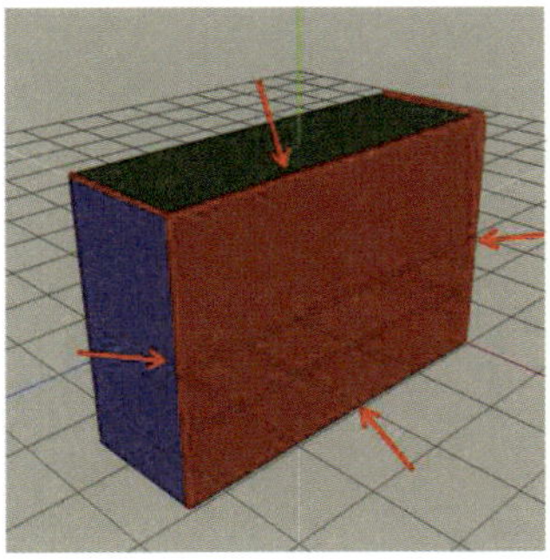

왼쪽 그림의 경우 선택된 모서리의 기본 색상이 빨간색인 탓에 직육면체 X축 면과 구별이 쉽지 않다.
따라서 구분하기 쉽게 아래 그림처럼 설정에서 선택된 모서리의 색상을 노란색으로 변경한다.

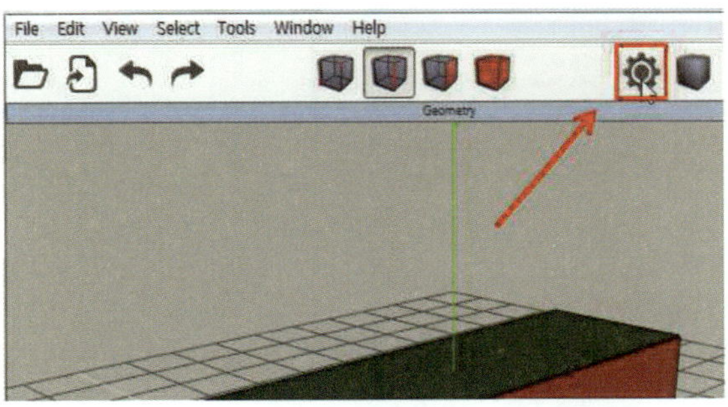


1) 메인화면에서 설정 아이콘을 클릭

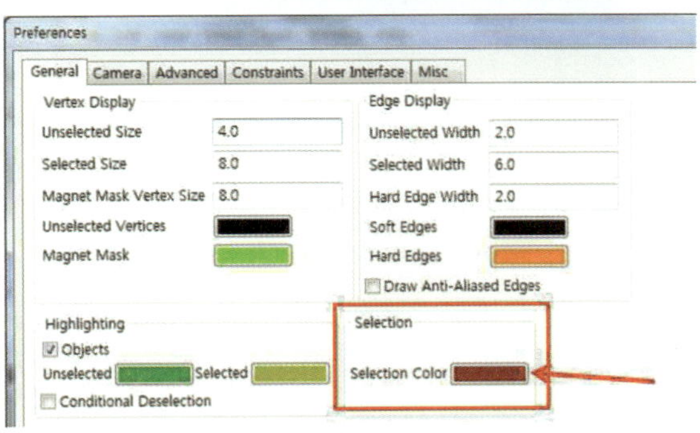


2) 설정화면에서 Selection Color 클릭

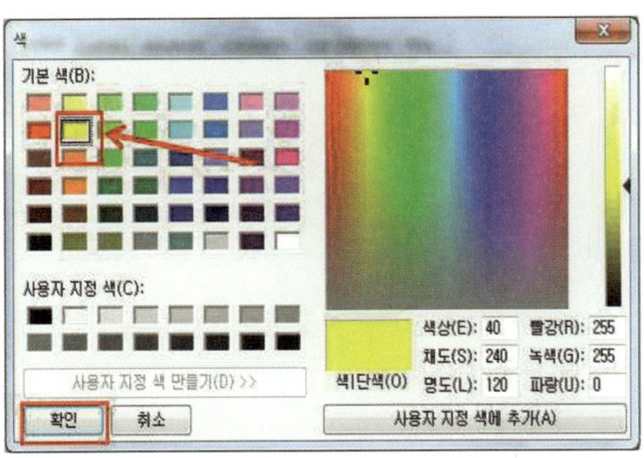


3) 노란색 선택 후 확인 클릭

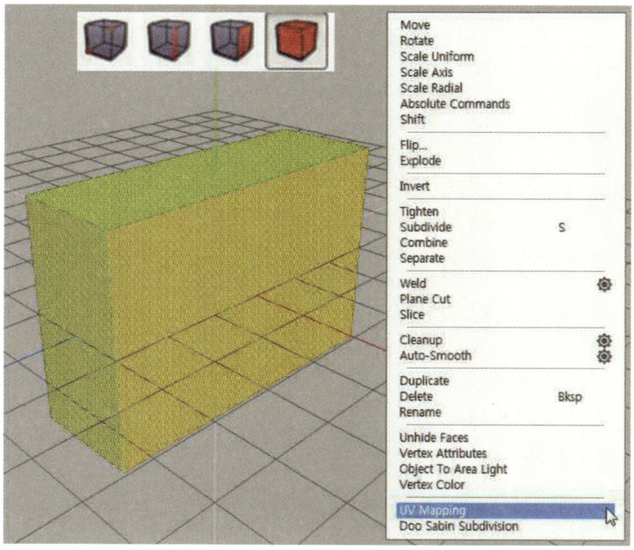


⑤ Body(객체)[B] 선택 모드에서 색상을 입힌 직육면체를 선택한다.
클릭 - 메뉴에서 UV Mapping을 선택한다.

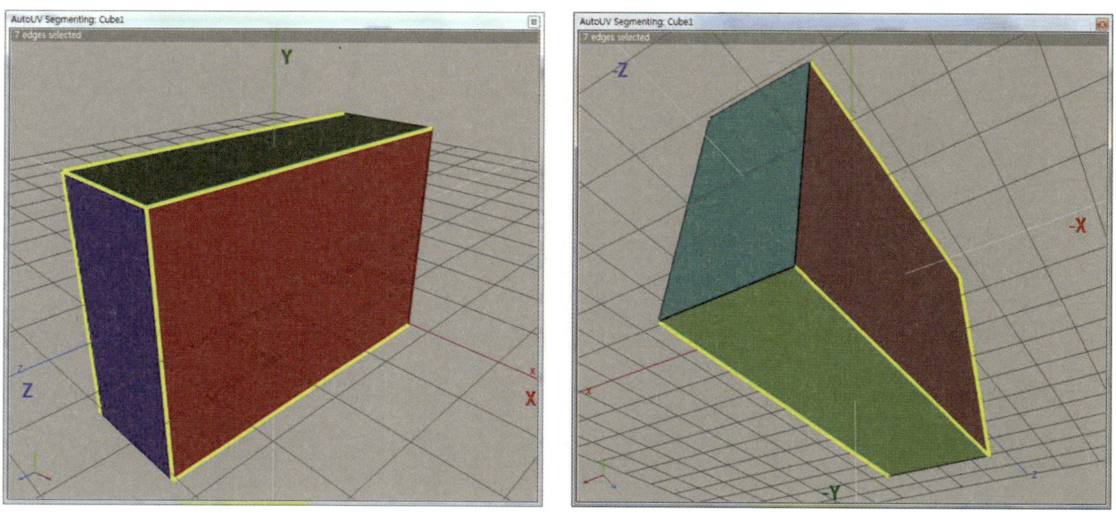


⑥ AutoUV segmenting 창이 나타나면 위의 그림처럼(노란색) 모서리 부분을 Edge(모서리)[E] 선택 모드로 선택한다.

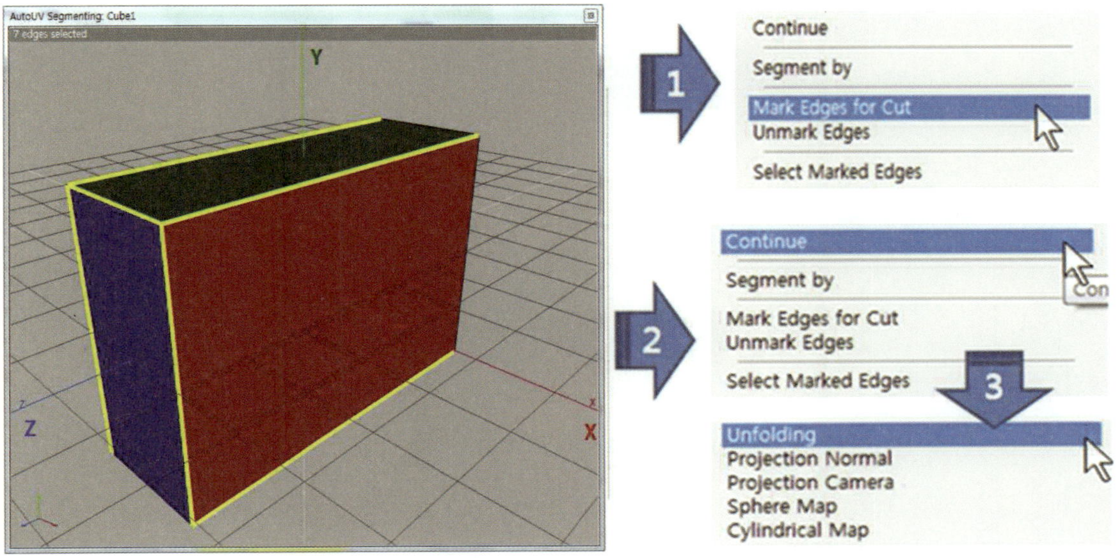


⑦ AutoUV Segmenting 창 - 클릭 - 메뉴에서 Mark Edges for Cut을 선택한다.

⑧ 다시 클릭 - 메뉴에서 Continue - Unfolding을 선택하면 새로운 AutoUV 창에서 직육면체의 전개도가 나타난다.

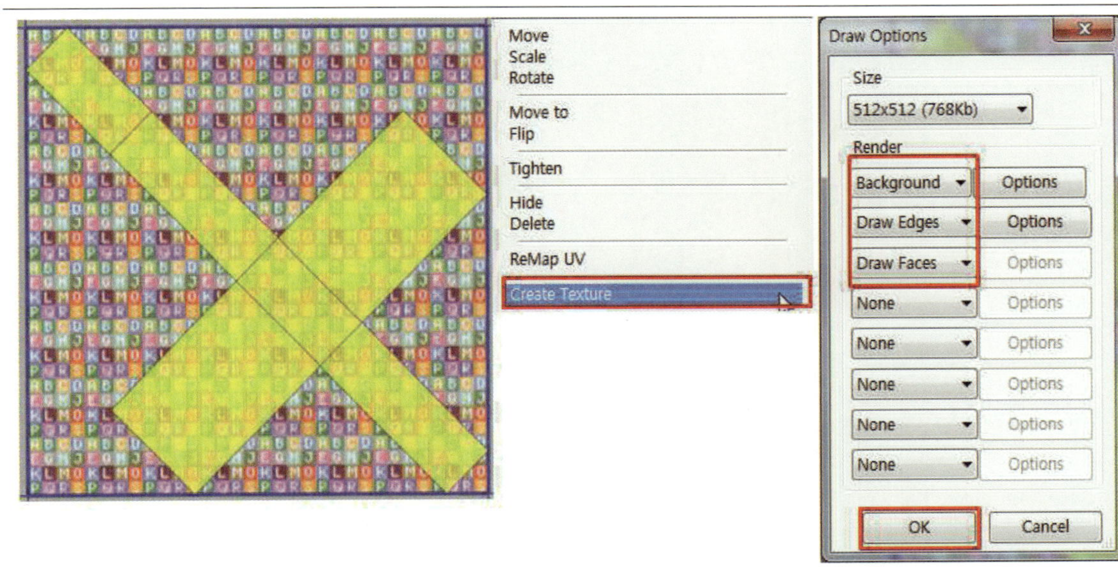


⑨ AutoUV 창에서 클릭 - 메뉴의 Create Texture를 선택한다.

⑩ Draw Options 창의 기능 선택에서 Draw Faces와 Draw Edges를 선택하고 OK를 클릭한다.

⑪ 색상을 입힌 전개도가 만들어진다.

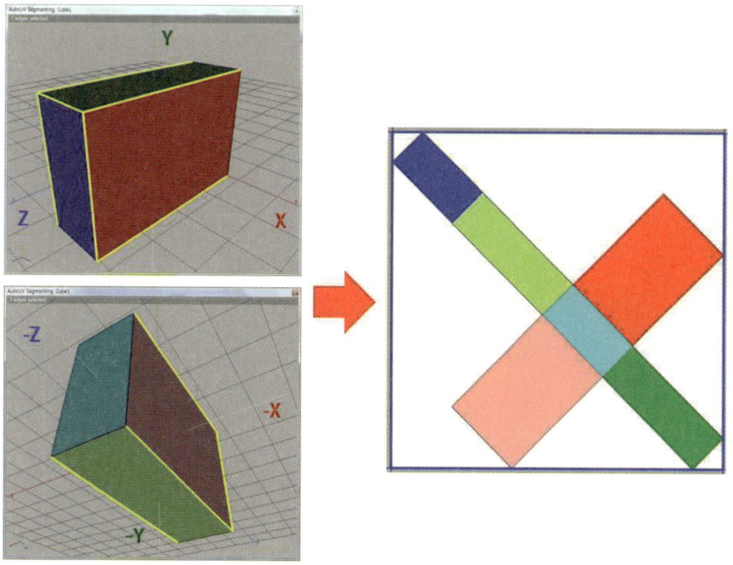


⑫ UV Mapping은 생성된 객체에 색상, 재질을 입힐 때 사용한다.
이때 만들어지는 전개도는 안쪽 면(내부)이 아닌 바깥 면(외부)이 표시된다.

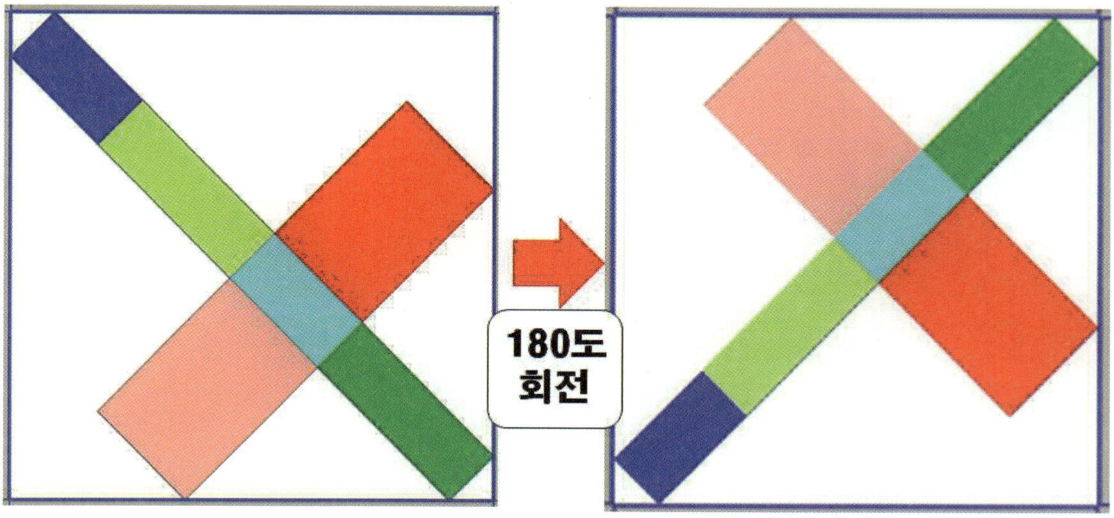


⑬ 초등수학의 입체도형 단원에서 주로 쓰이는 전개도는 바깥 면(외부)의 전개도가 아니라 안쪽 면(내부)에 대한 전개도이다. 필요시에 AutoUV Segmenting 창의 전개도를 180도 회전시켜 관찰하는 것도 가능하다.

## ※ 전개도 회전시키기

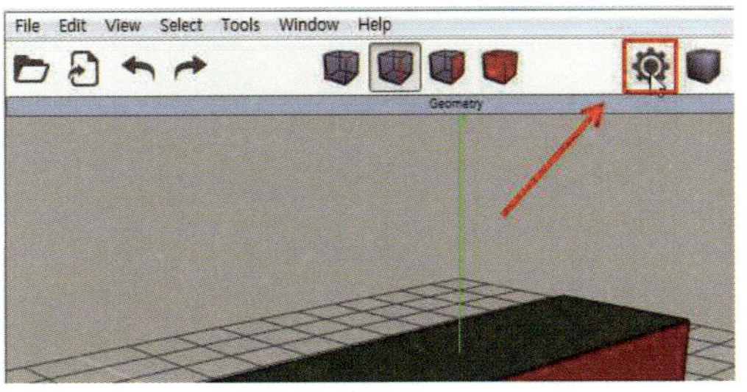


1) 설정 아이콘 클릭

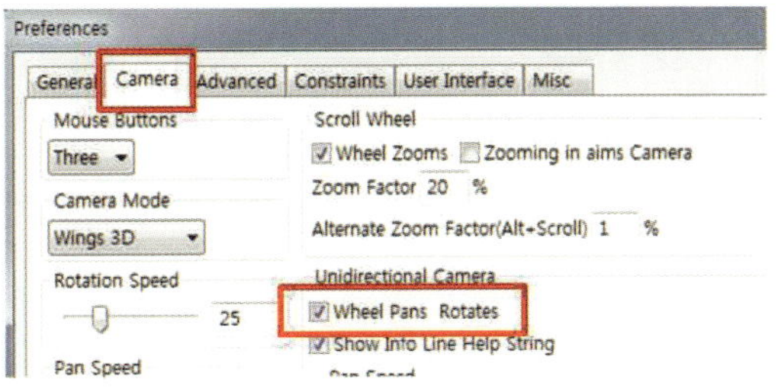


2) Camera 탭의 Wheel Pans Rotation 체크

회전시키기에 앞서 먼저 위의 그림처럼 설정을 변경해야 한다.

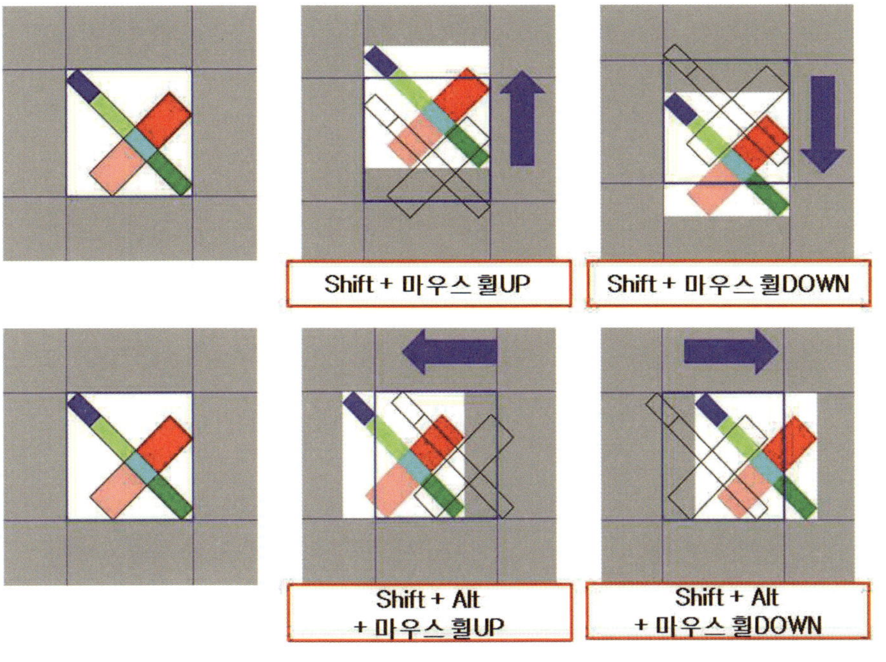


필요에 따라 위의 방법으로 전개도를 180도 회전시켜 관찰할 수 있다.

※ AutoUV segmenting 창에서 전개도를 생성한 후에 Shift 키를 누르고 마우스 휠을 위로 돌리거나 Shift 키+Alt 키를 누르고 휠을 위로 돌리면 안쪽 면(내부) 전개도를 관찰할 수 있다.

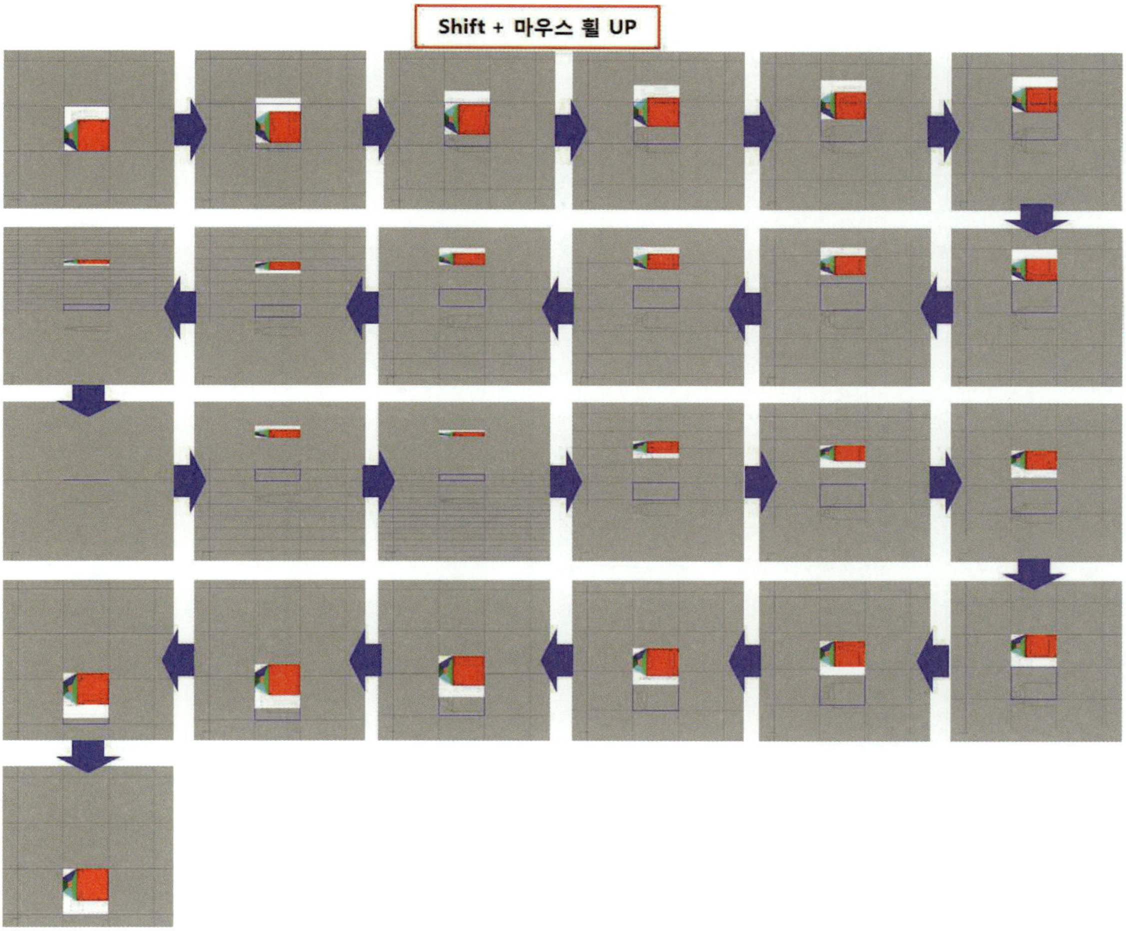

※ AutoUV segmenting 창에서 전개도를 생성한 후에 Shift 키를 누르고 마우스 휠을 위로 돌리거나 Shift 키+Alt 키를 누르고 휠을 위로 돌리면 안쪽 면(내부) 전개도를 관찰할 수 있다.

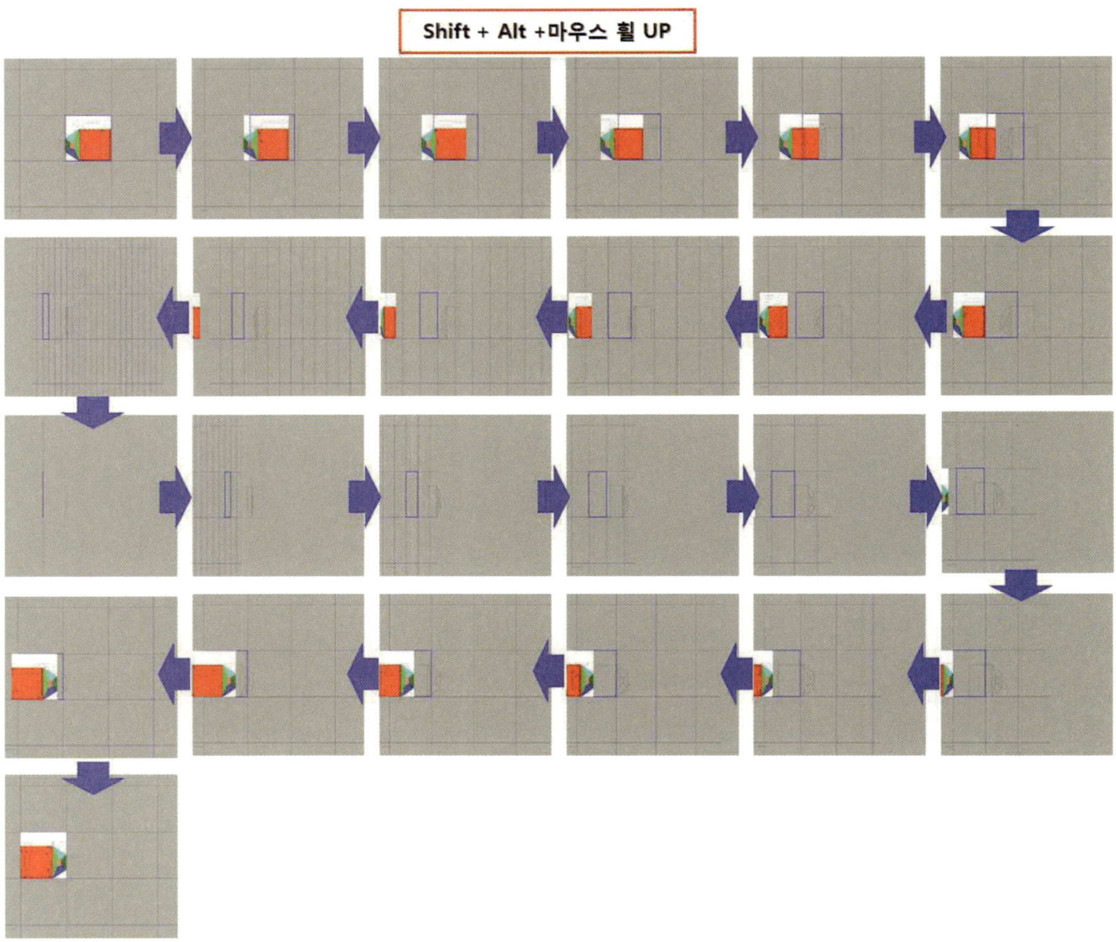

## 3) 삼각뿔의 전개도

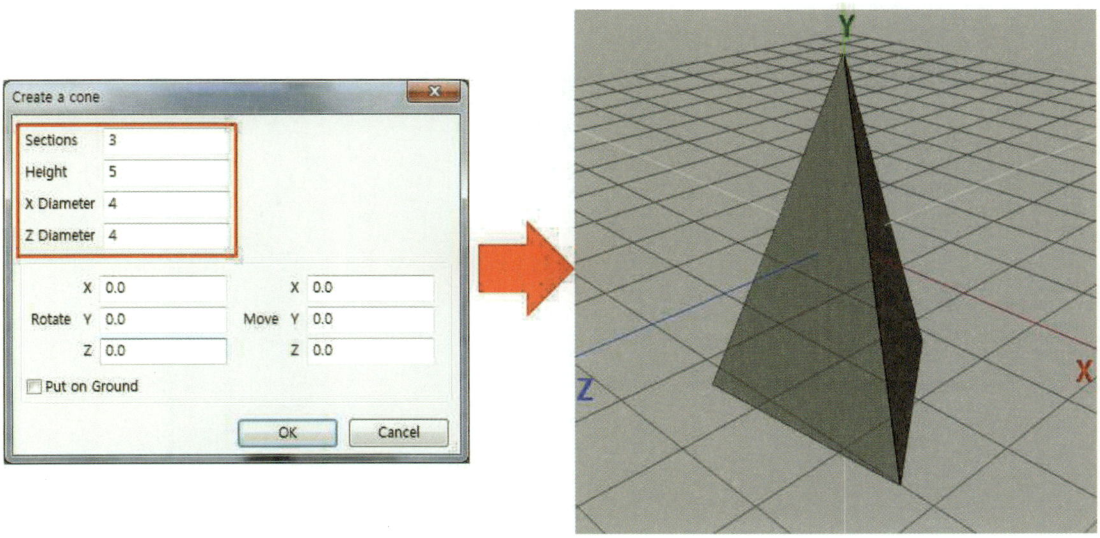


① 삼각뿔을 만든다.

예) 마우스 클릭 메뉴 ⇨ Cone 우측 ⚙모양 클릭

⇨ Sections=3, Height=5, X Diameter=4, Z Diameter=4

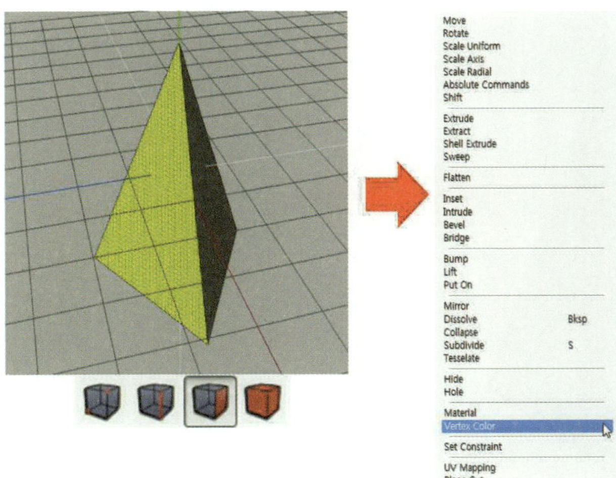


② Face(면)[F] 선택 모드에서 삼각뿔의 한 면을 선택하고 클릭 메뉴에서 Ver tex color를 선택한다.

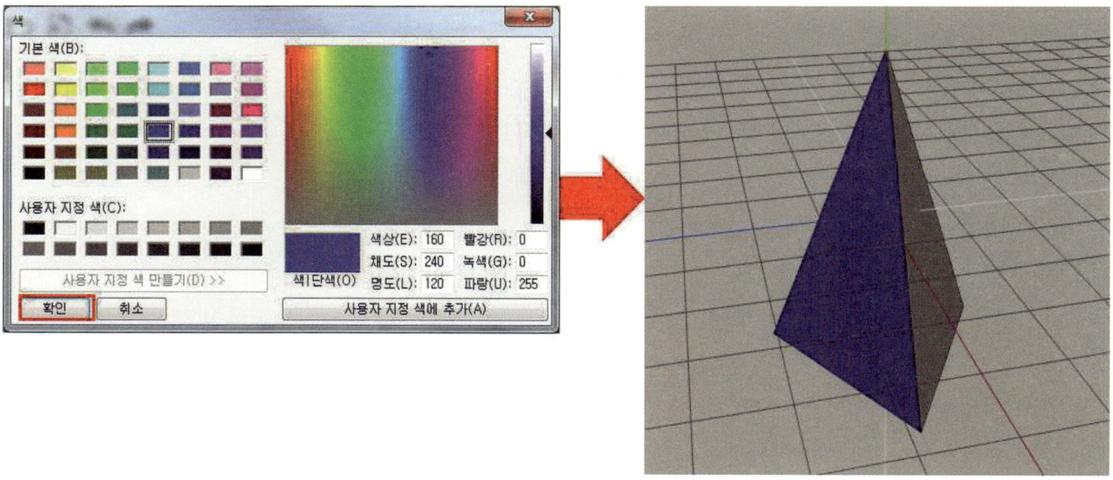


③ 파란색을 선택하고 확인을 클릭하면 삼각뿔에서 선택 면이 빨간색으로 변한다.

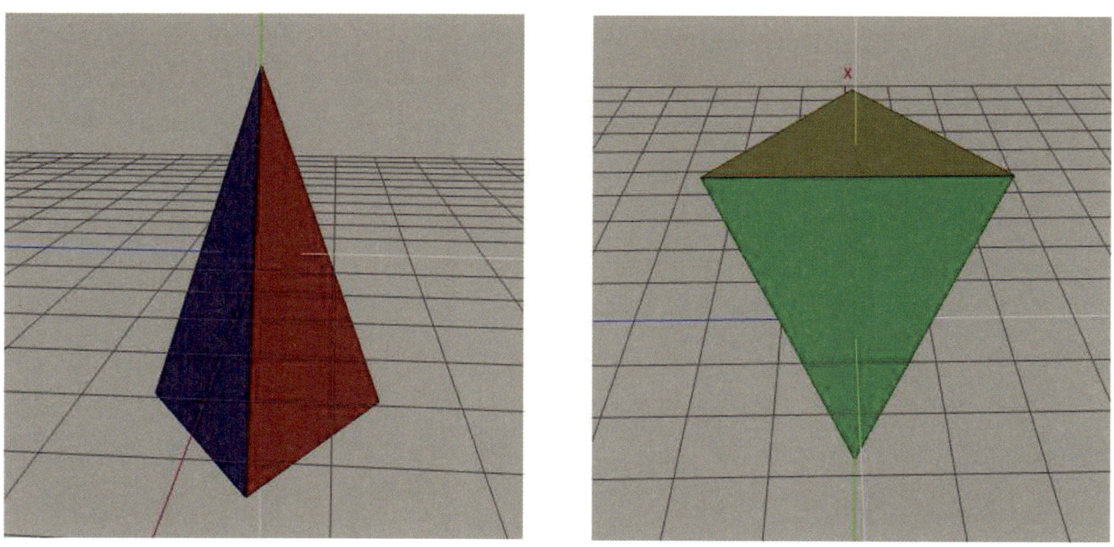

④ ③번의 작업을 반복하여 임의의 색상으로 삼각뿔의 색상을 변경한다.
※ 전개도를 만들 때 색상을 넣으면 각각의 면이 전개되는 형상을 쉽게 구분할 수 있어 매우 편리하다.

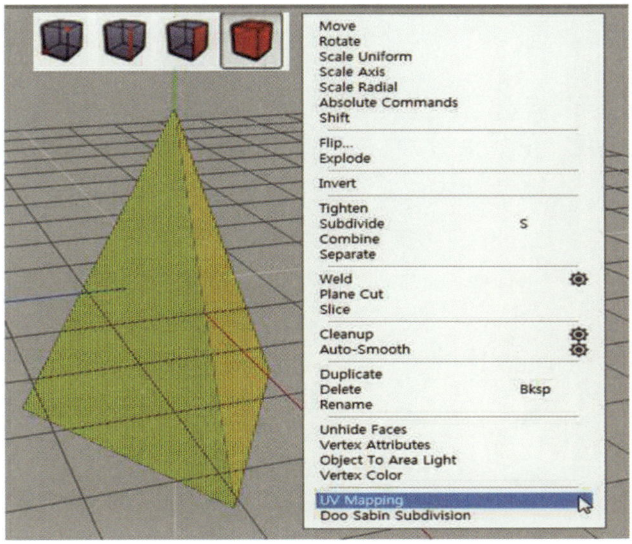


⑤ Body(객체)[B] 선택 모드에서 색상을 입힌 삼각뿔을 선택한다.
클릭 - 메뉴에서 UV Mapping을 선택한다.

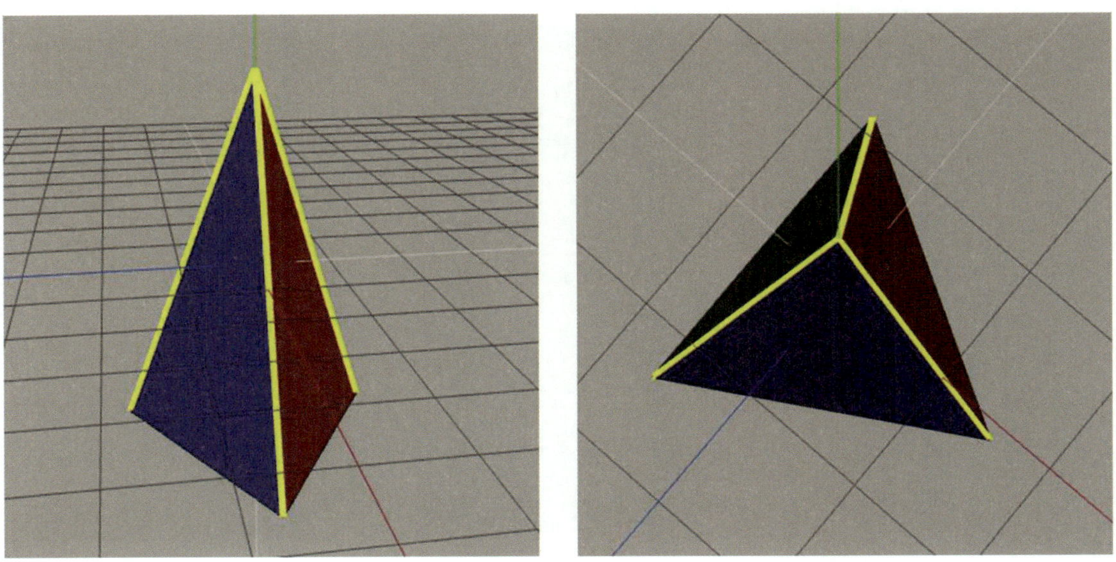

⑥ AutoUV segmenting 창이 나타나면 위의 그림처럼 모서리 부분을 Edge(모서리) [E] 선택 모드로 선택한다.

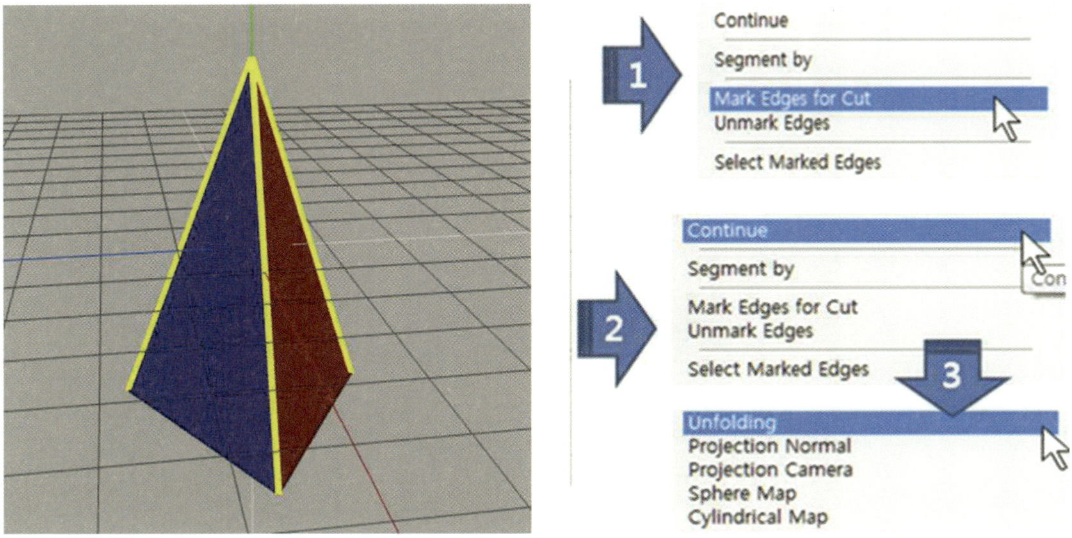


⑦ AutoUV Segmenting 창 - 클릭 - 메뉴에서 Mark Edges for Cut을 선택한다.

⑧ 다시 클릭 - 메뉴에서 Continue - Unfolding을 선택하면 새로운 AutoUV 창에서 삼각뿔의 전개도가 나타난다.

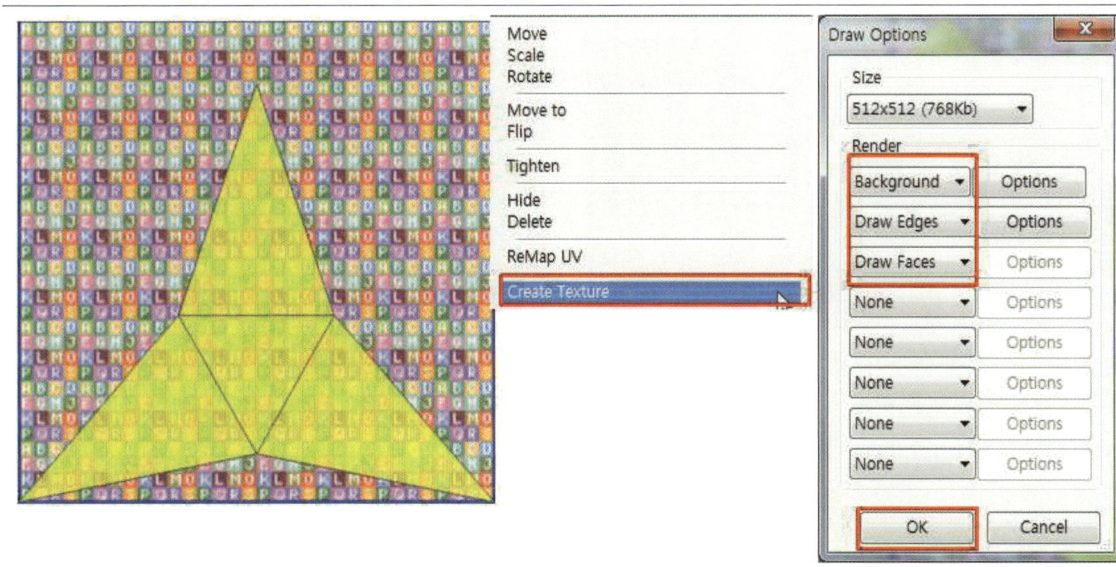


⑨ AutoUV 창에서 클릭 - 메뉴의 Create Texture를 선택한다.

⑩ Draw Options 창의 기능 선택에서 Draw Faces와 Draw Edges를 선택하고 OK를 클릭한다.

⑪ 색상을 입힌 전개도가 만들어진다.

⑫ UV Mapping은 생성된 객체에 색상, 재질을 입힐 때 사용한다.
일반적으로 전개도를 만들면 안쪽 면(내부)이 아닌 바깥 면(외부)이 나타난다. 입체도형 단원에서 주로 사용되는 전개도는 바깥 면(외부)의 전개도가 아니라 안쪽 면(내부)의 전개도이다. 필요에 따라 AutoUV segmenting 창의 전개도를 180도 회전시켜서 관찰할 수 있다.
같은 방법으로 원뿔, 오각기둥 및 원기둥에 대한 전개도를 만들어보자.

## 4) 원뿔의 전개도

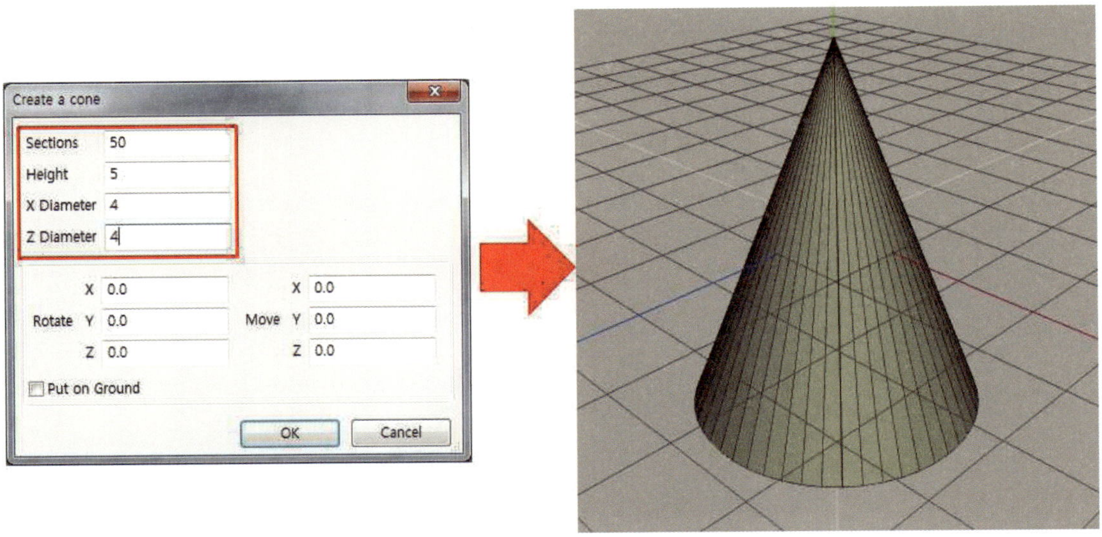


⑬ 원뿔을 만든다.

예) 마우스 클릭 메뉴 ⇨ Cone 우측 모양 클릭

⇨ Sections=50, Height=5, X Diameter=4, Z Diameter=4

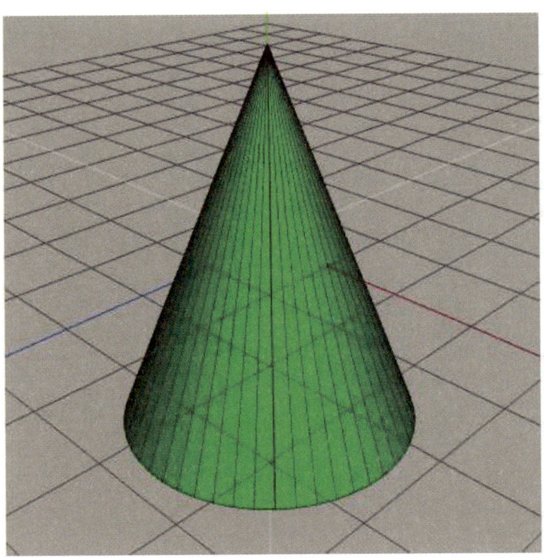

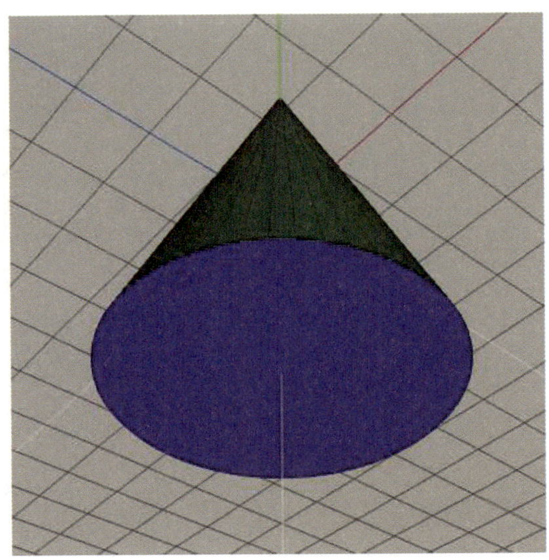

⑭ 클릭 메뉴에서 Vertex color 기능을 이용하여 임의의 색상으로 원뿔의 색상을 변경한다.

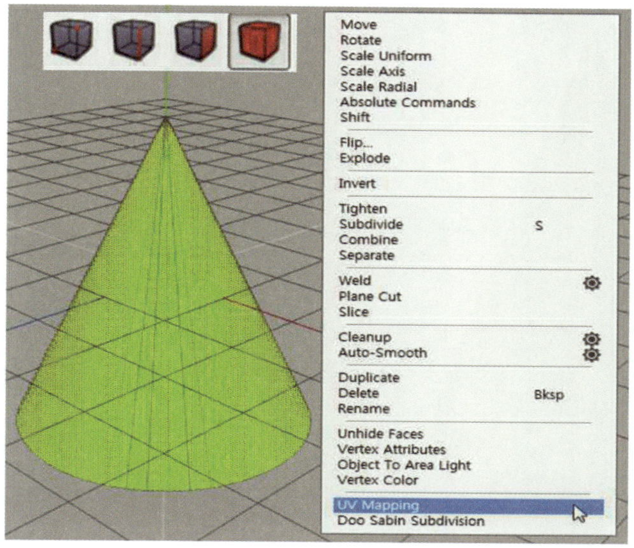


⑮ Body(객체)[B] 선택 모드에서 색상을 입힌 원뿔을 선택한다.
클릭 - 메뉴에서 UV Mapping을 선택한다.

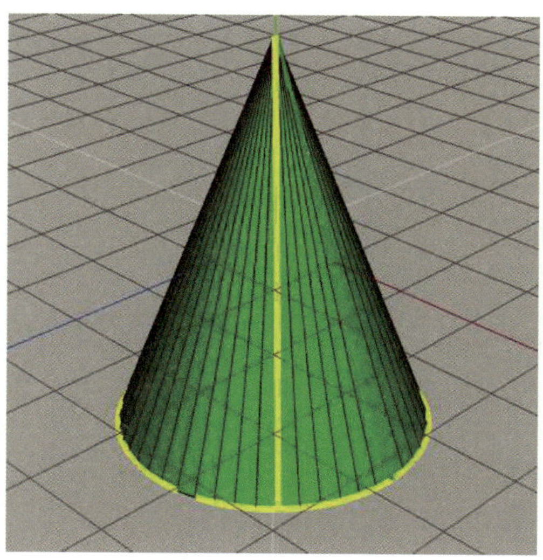

⑯ AutoUV segmenting 창이 나타나면 위의 그림처럼 모서리 부분을 Edge(모서리) [E] 선택 모드로 선택한다. 아래쪽 원을 선택할 때는 하나를 선택한 후 [I]를 누르면 밑면의 전체 원주가 선택된다.

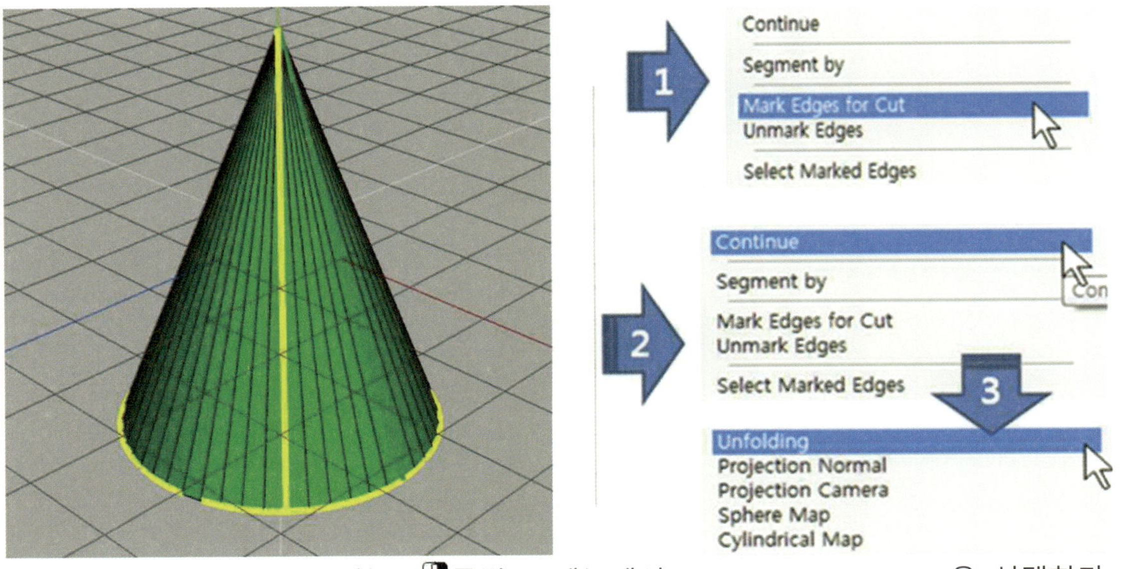


⑰ AutoUV Segmenting 창 – 클릭 – 메뉴에서 Mark Edges for Cut을 선택한다. 다시 클릭 – 메뉴에서 Continue – Unfolding을 선택하면 새로운 AutoUV 창에서 원뿔의 전개도가 나타난다.

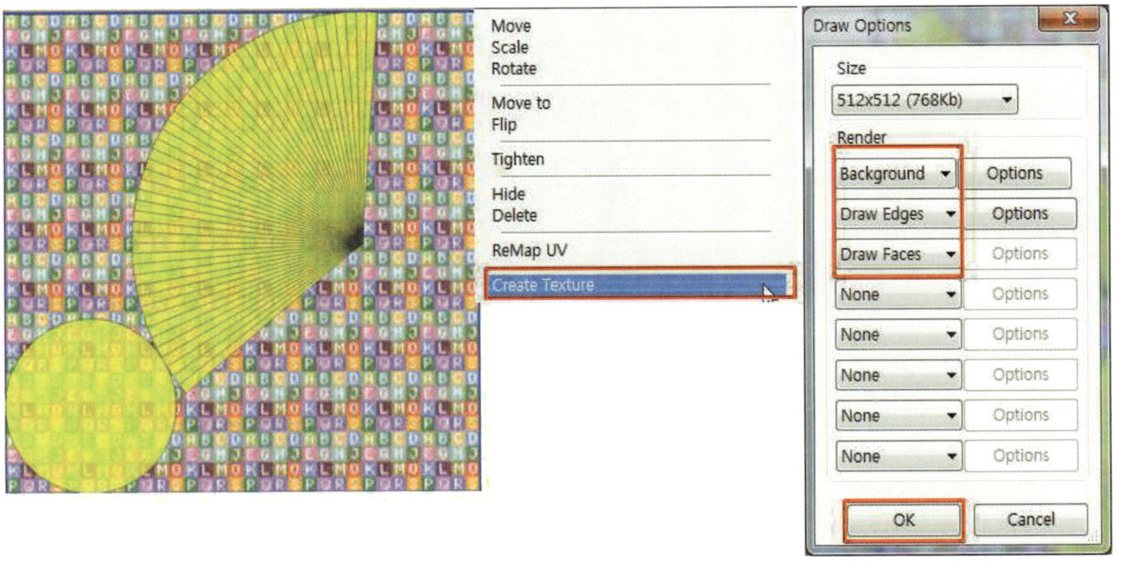


⑱ AutoUV 창에서 클릭 – 메뉴의 Create Texture를 선택한다. Draw Options 창의 기능 선택에서 Draw Faces와 Draw Edges를 선택하고 OK를 클릭한다.

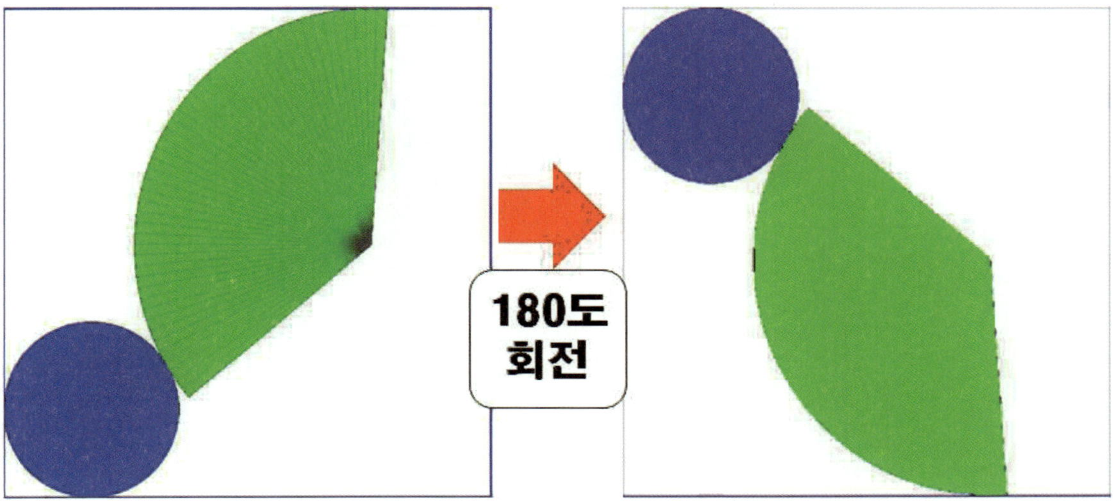


⑲ 원뿔의 전개도가 생성된다.
회전 기능을 이용하면 내부 전개도를 관찰할 수 있다.

## 5) 오각기둥의 전개도

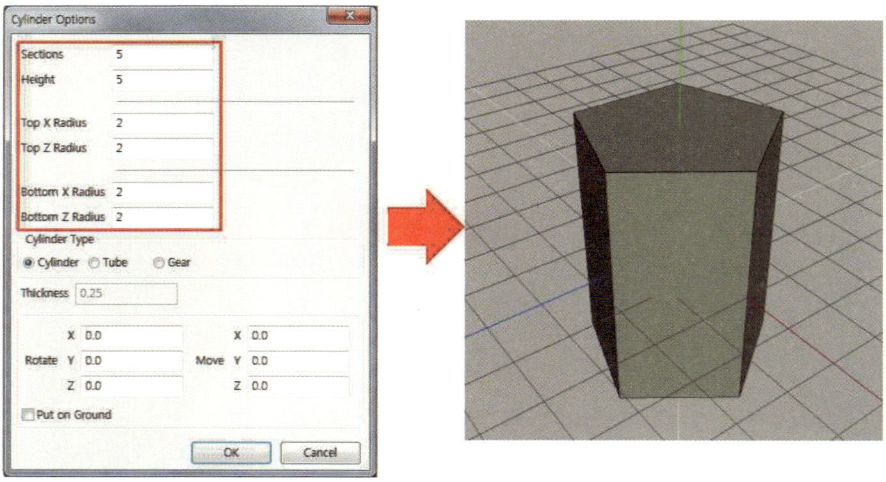


① 오각기둥을 만든다.

예) 마우스 클릭 메뉴 ⇨ Cylinder 우측 ⚙모양 클릭

⇨ Sections=5, Height=5, Top X Radius=2, Top Z Radius=2, Bottom X Radius=2, Bottom Z Radius=2

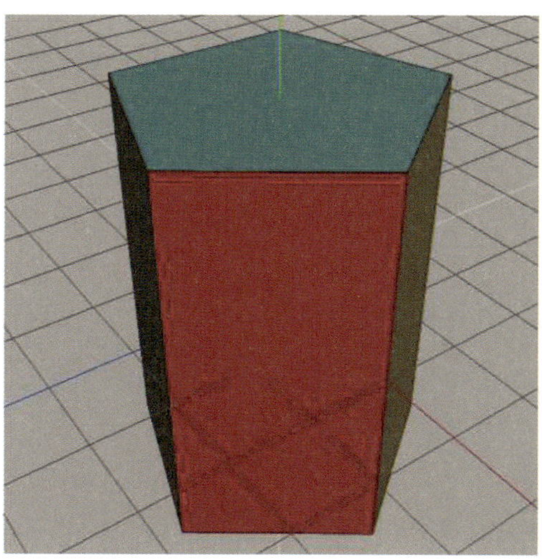

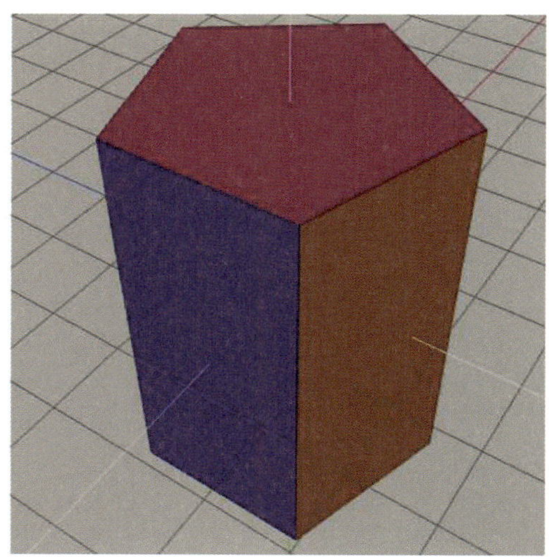

② 클릭 메뉴에서 Vertex color 기능을 이용하여 임의의 색상으로 오각기둥의 색상을 변경한다.

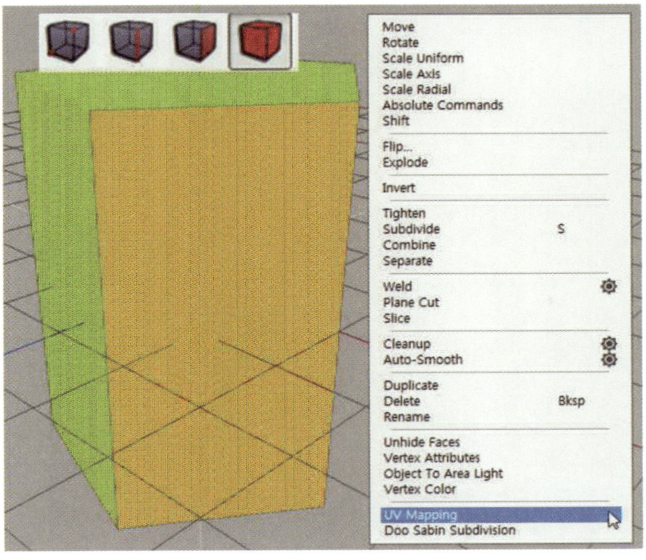


③ Body(객체)[B] 선택 모드에서 색상을 입힌 오각기둥을 선택한다.
클릭 - 메뉴에서 UV Mapping을 선택한다.

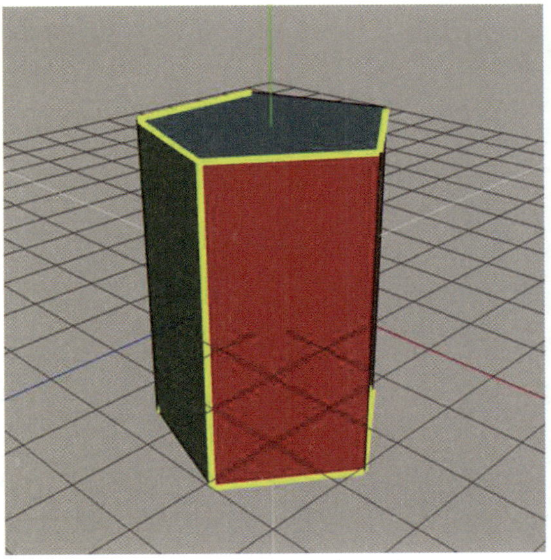

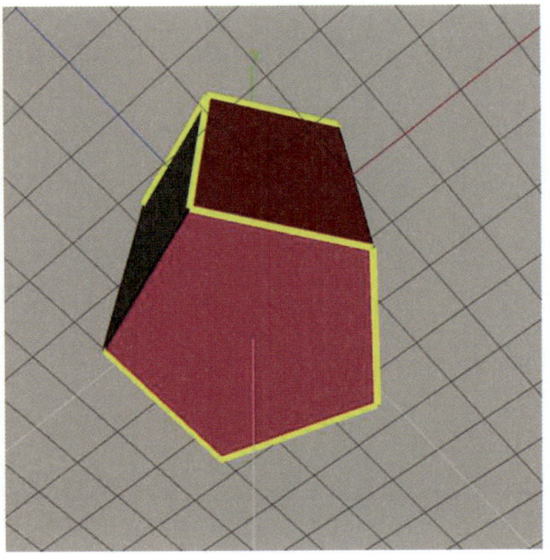

④ AutoUV Segmenting 창이 나타나면 위의 그림처럼 모서리 부분을 Edge(모서리) [E] 선택 모드로 선택한다.

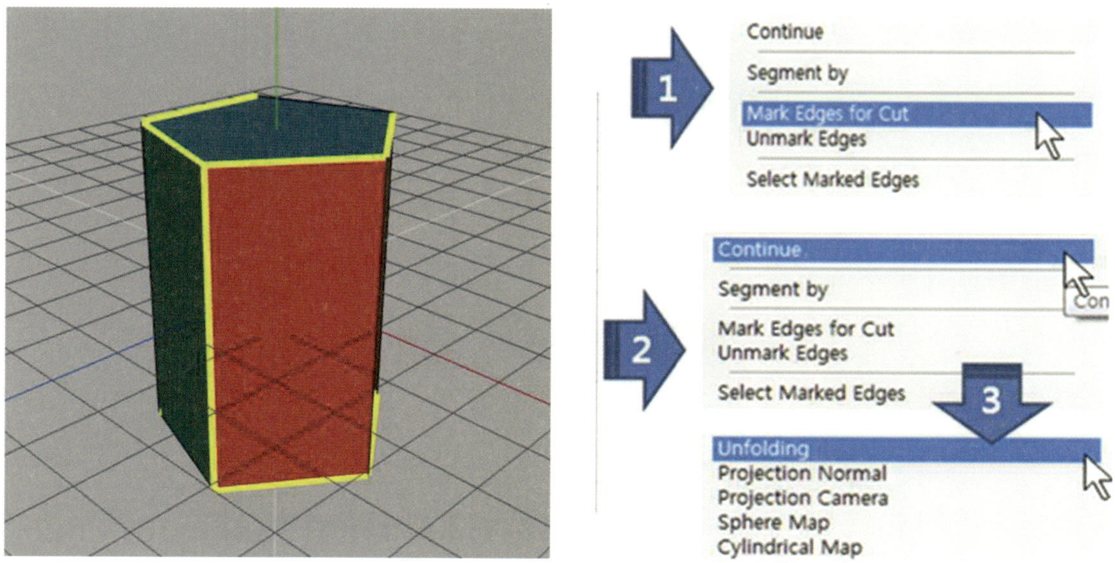


⑤ AutoUV Segmenting 창 – 클릭 – 메뉴에서 Mark Edges for Cut을 선택한다. 다시 클릭 – 메뉴에서 Continue – Unfolding을 선택하면 새로운 AutoUV 창에서 오각기둥의 전개도가 나타난다.

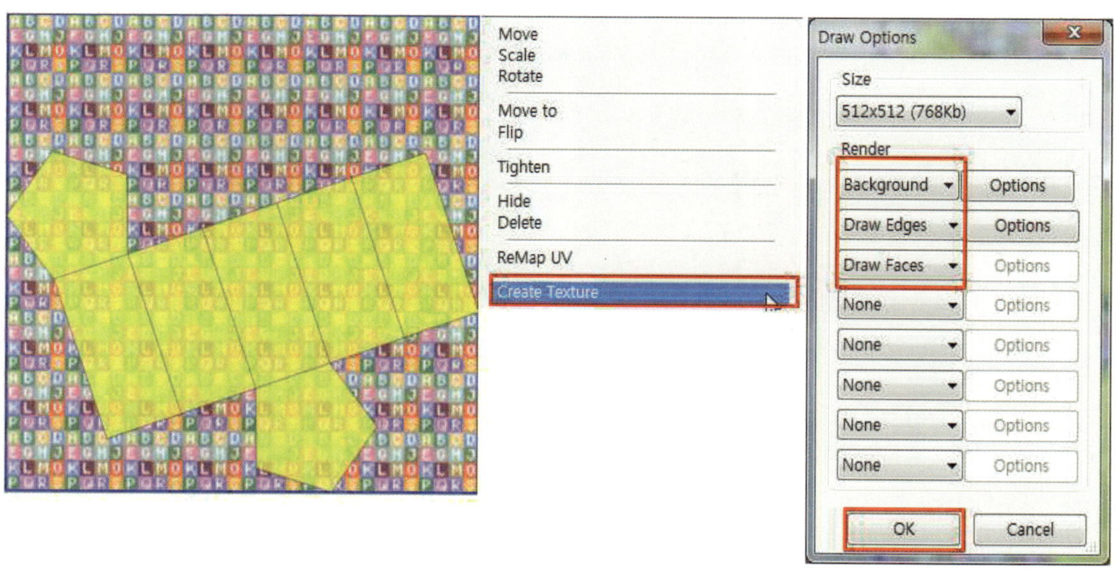


⑥ AutoUV 창에서 클릭 – 메뉴의 Create Texture를 선택한다. Draw Options 창의 기능 선택에서 Draw Faces와 Draw Edges를 선택하고 OK를 클릭한다.

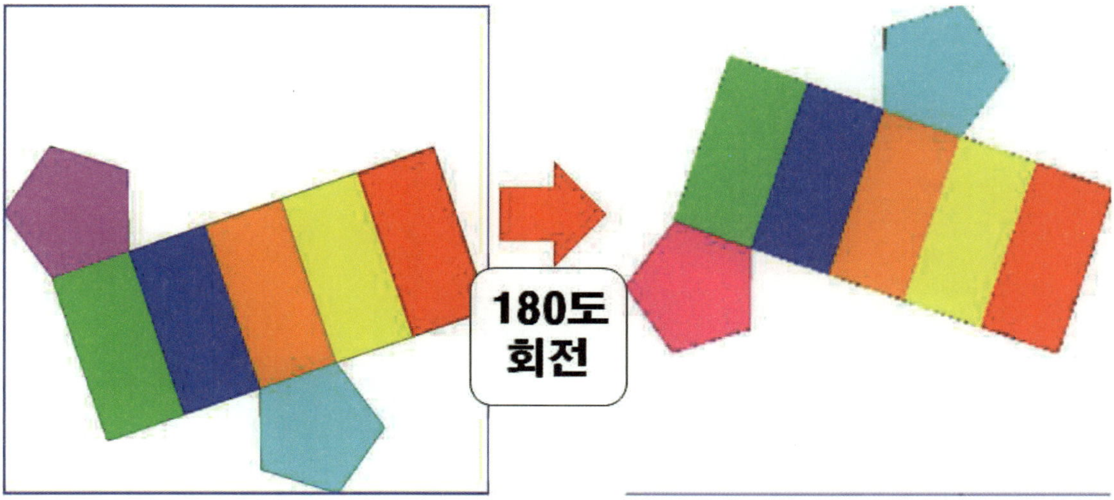


⑦ 오각기둥의 전개도가 생성된다.
회전 기능을 이용하면 내부 전개도를 쉽게 관찰할 수 있다.

## 6) 원기둥의 전개도

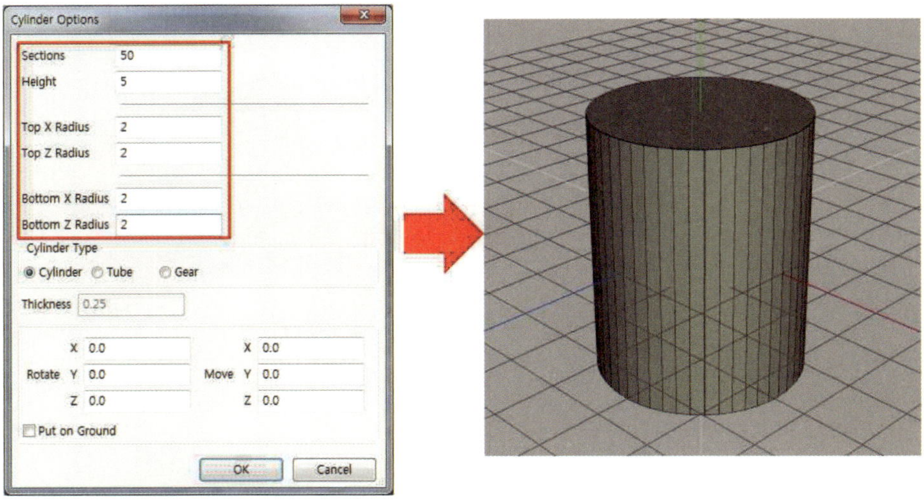


⑧ 원기둥을 만든다.

예) 마우스 클릭 메뉴 ⇨ Cylinder 우측 모양 클릭

⇨ Sections=50, Height=5, Top X Radius=2, Top Z Radius=2, Bottom X Radius=2, Bottom Z Radius=2

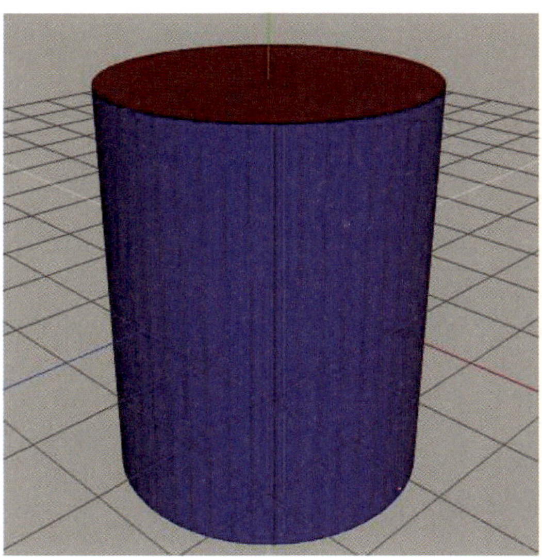

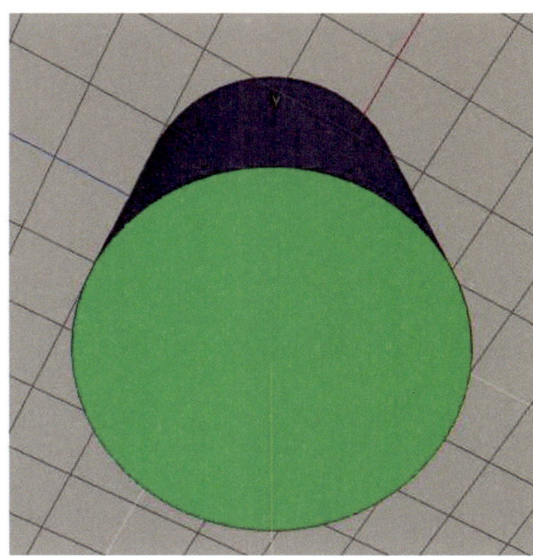

⑨ 클릭 메뉴에서 Vertex color 기능을 이용하여 임의의 색상으로 원기둥의 색상을 변경한다.

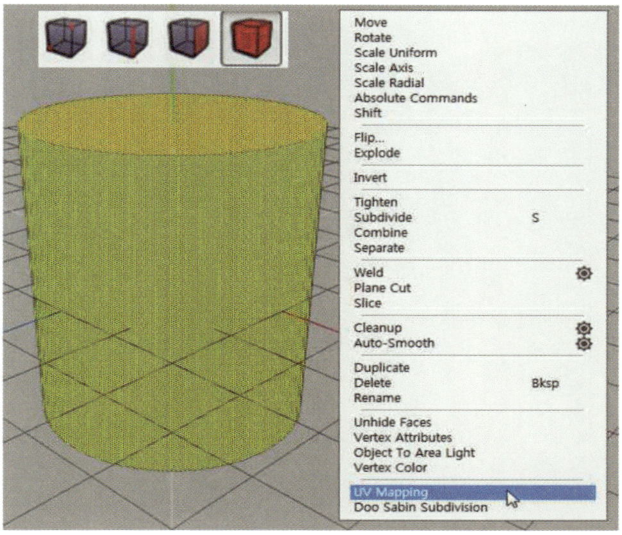


⑩ Body(객체)⌨[B] 선택 모드에서 색상을 입힌 원기둥을 선택하고 🖱클릭 - 메뉴에서 UV Mapping을 선택한다.

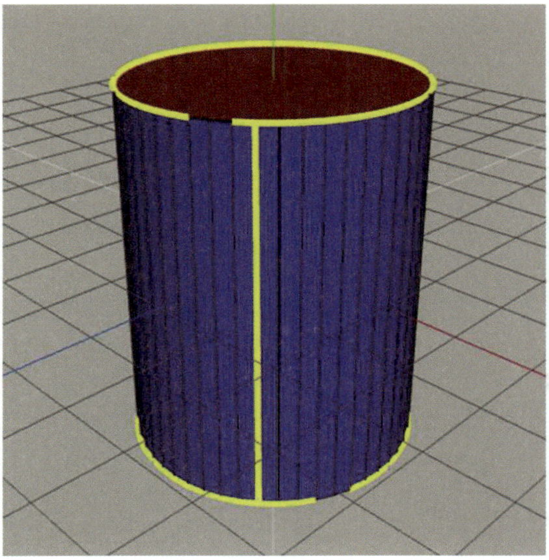
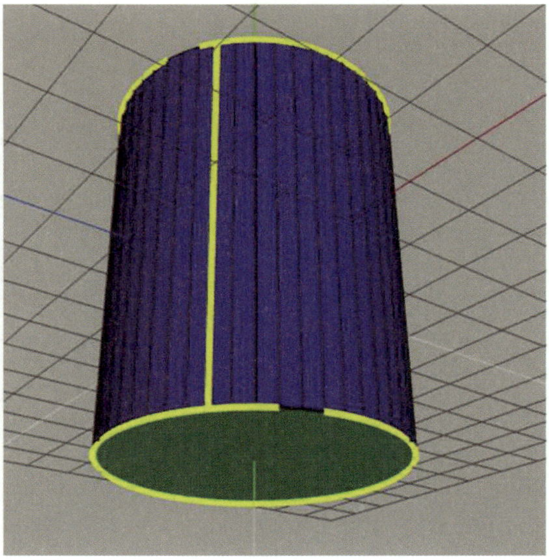

⑪ AutoUV segmenting 창이 나타나면 위의 그림처럼 모서리 부분을 Edge(모서리) ⌨[E] 선택 모드로 선택한다.

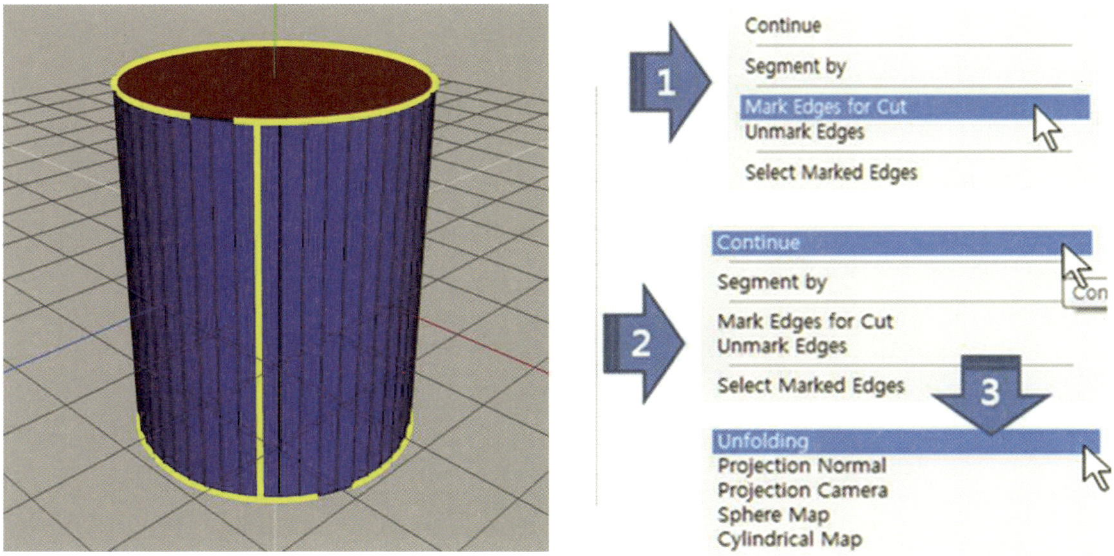


⑫ AutoUV Segmenting 창 – 클릭 – 메뉴에서 Mark Edges for Cut을 선택한다. 다시 클릭 – 메뉴에서 Continue – Unfolding을 선택하면 새로운 AutoUV 창에서 원기둥의 전개도가 나타난다.

⑬ AutoUV 창에서 클릭 – 메뉴의 Create Texture를 선택한다. Draw Options 창의 기능 선택에서 Draw Faces와 Draw Edges를 선택하고 OK를 클릭한다.

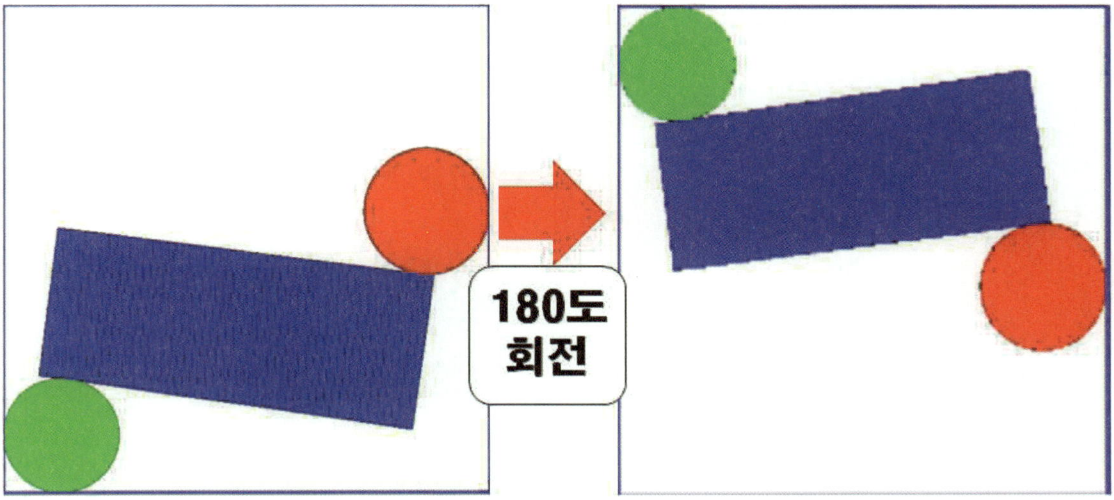


⑭ 원기둥의 전개도가 생성된다. 회전 기능을 이용하면 내부 전개도를 관찰할 수 있다.

## 7) 직육면체의 여러가지 전개도

① 입체도형의 전개도를 관찰하고 다양한 방법으로 전개하여 하나의 도형에서 여러 가지 전개도가 나올 수 있음을 이해할 수 있다.

아래에서 직육면체에 대한 다양한 전개도를 살펴보도록 하자.

간단한 직육면체를 생성한 후 Vertex Color 기능을 이용하여 각 면에 임의의 색상을 설정한다.

예) 마우스 클릭 메뉴 ⇨ Cube 우측 클릭 ⇨ X=2, Y=4, Z=6

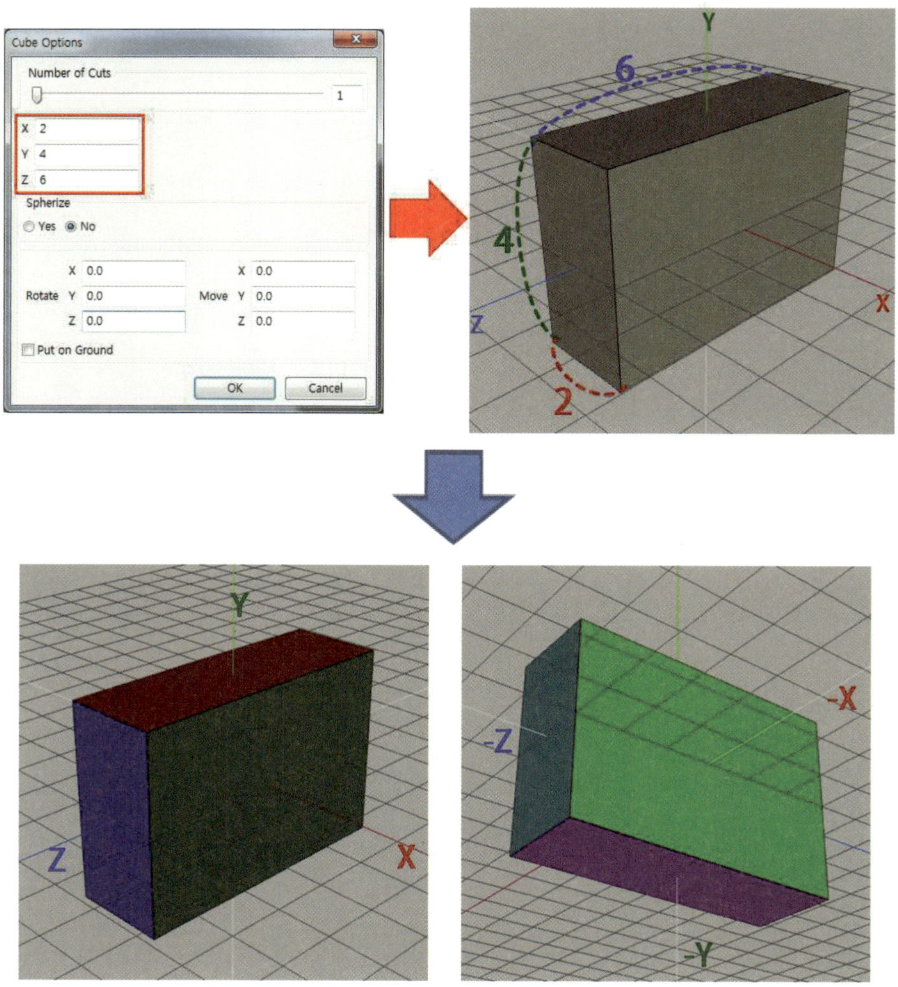

② AutoUV Segmenting 창에서 기본 시점⌨[R]으로 설정한다.
그림과 같이 정육면체의 모서리를 선택하고 시점을 변경한 다음 추가적으로 모서리를 선택하여 전개한다.

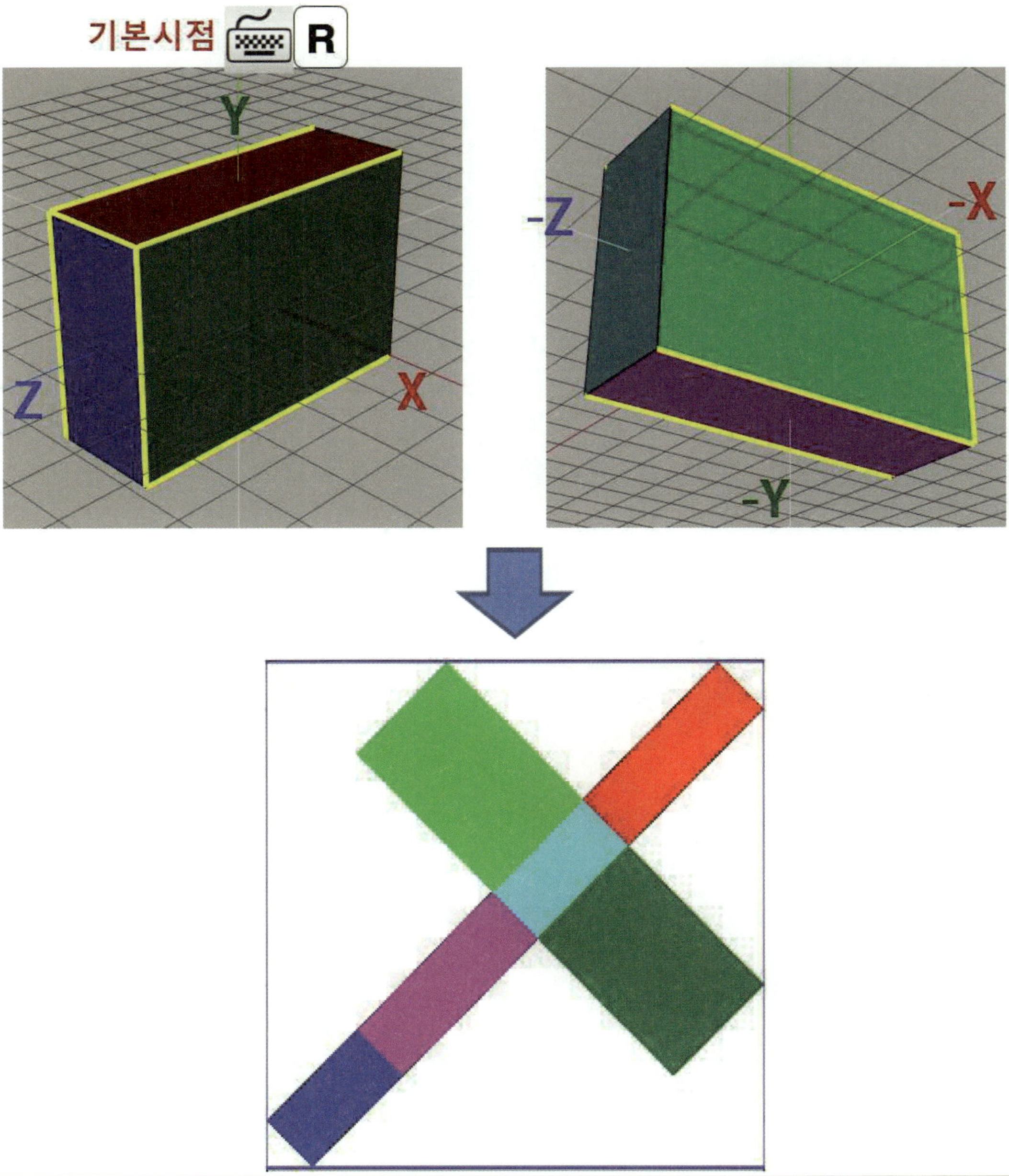

③ 여러 가지 형태의 전개도

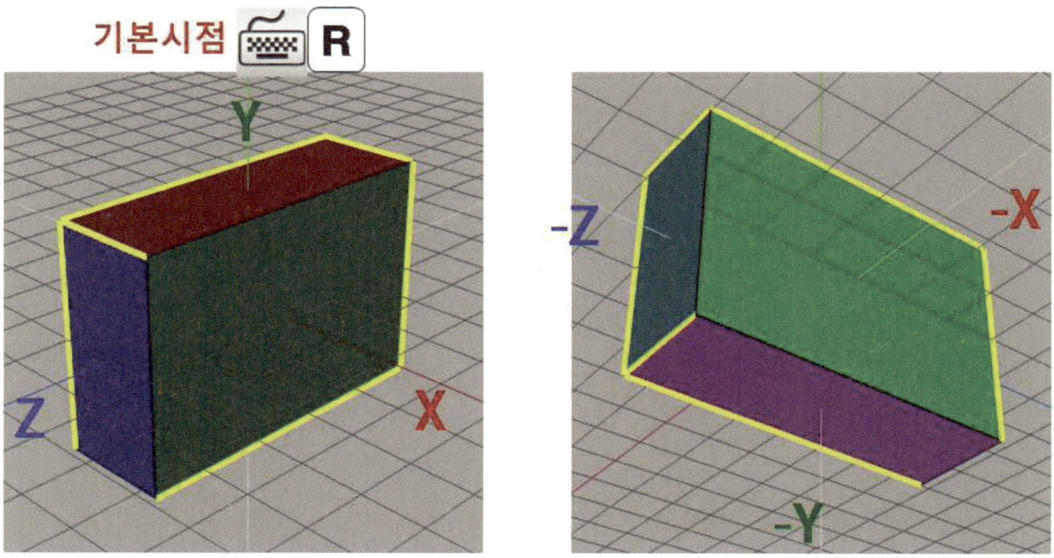

④ 여러 가지 형태의 전개도

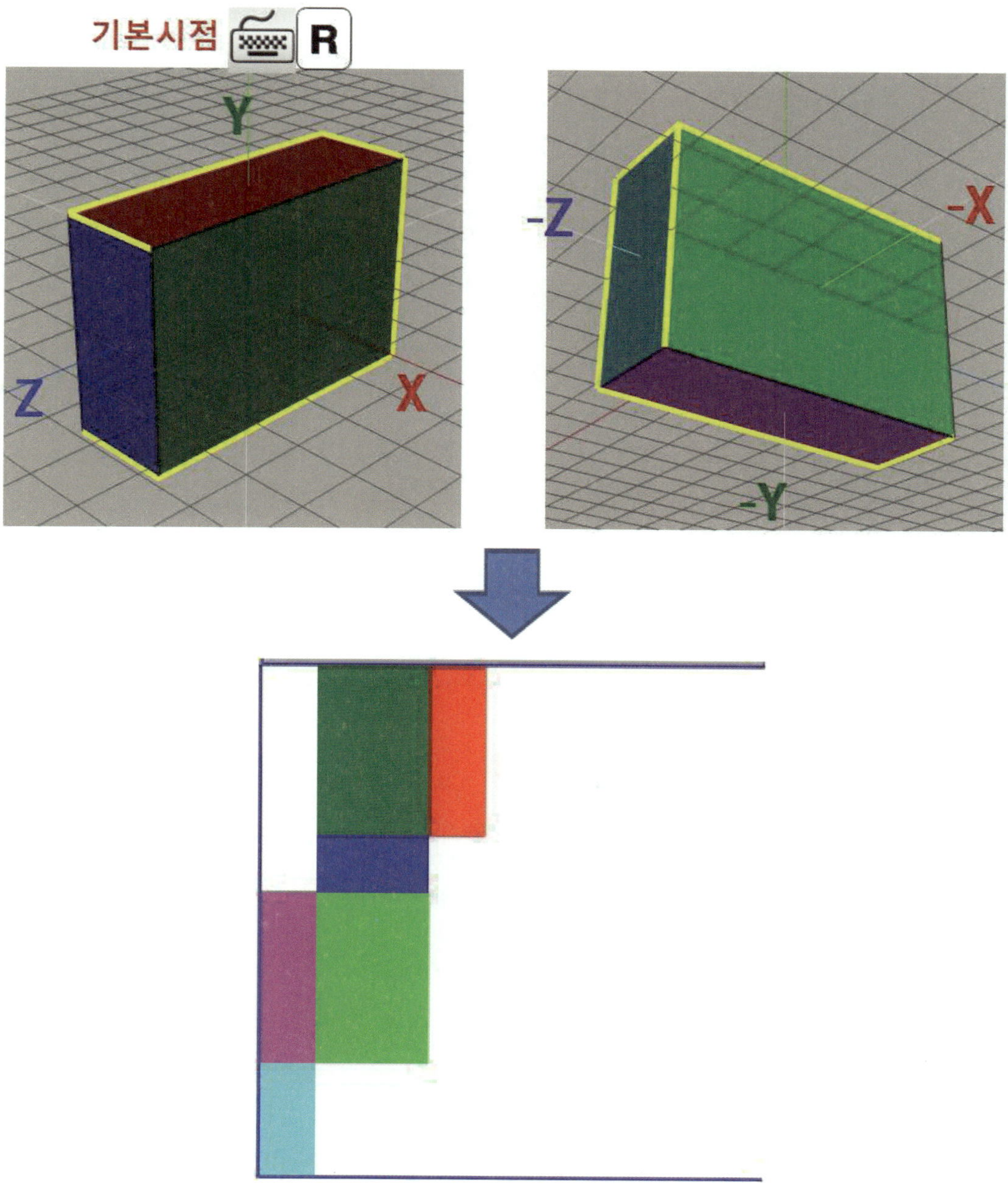

⑤ 여러 가지 형태의 전개도

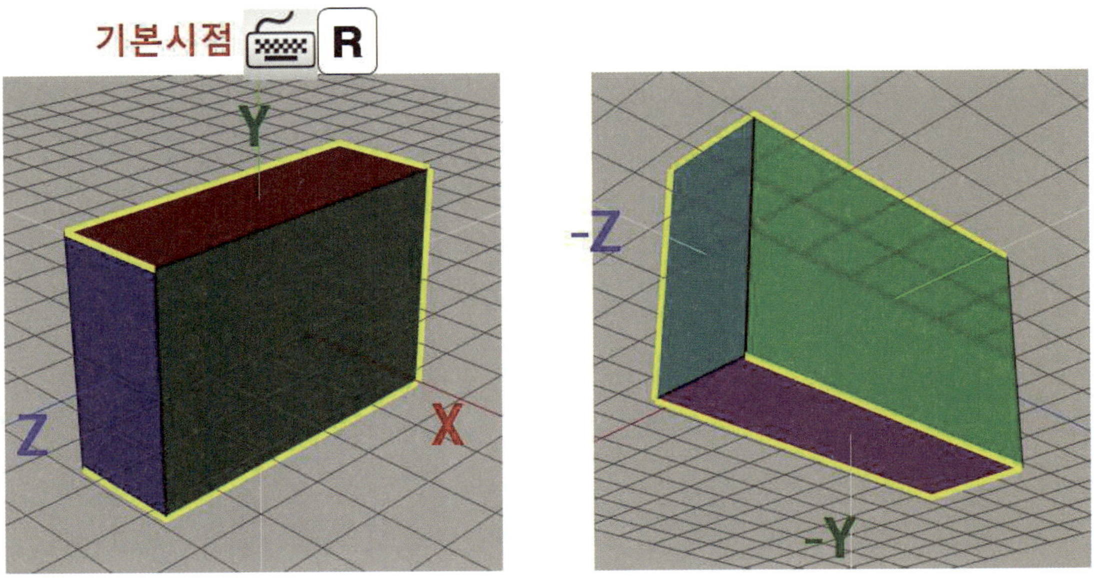

⑥ 여러 형태의 전개도

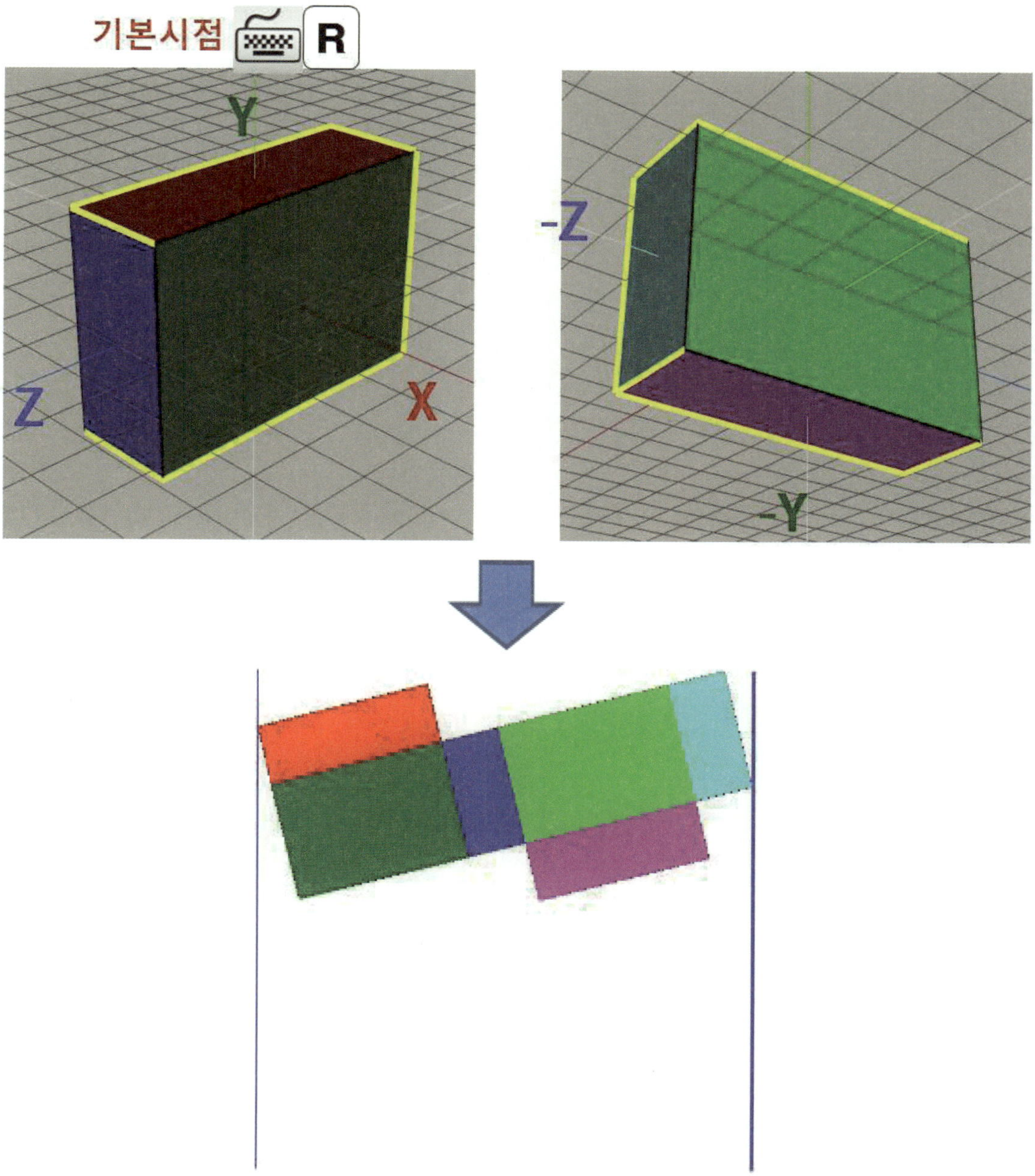

# 제 7 장

# 입체도형과 관련한 연산

# 제7장. 입체도형과 관련한 연산

## 1) 모서리 길이 측정하기

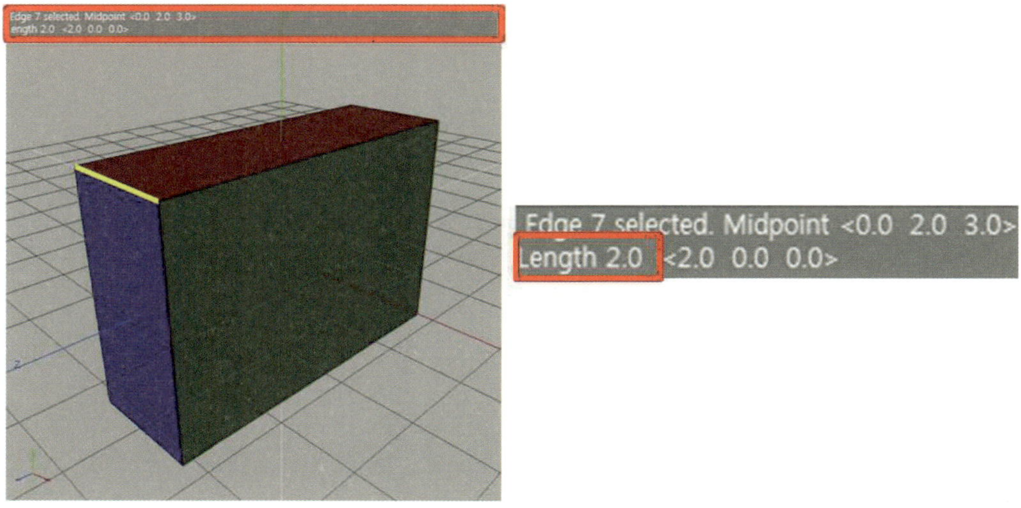


① 입체도형에서 임의의 모서리를 선택하면 정보 표시줄에서 길이를 바로 확인할 수 있다.

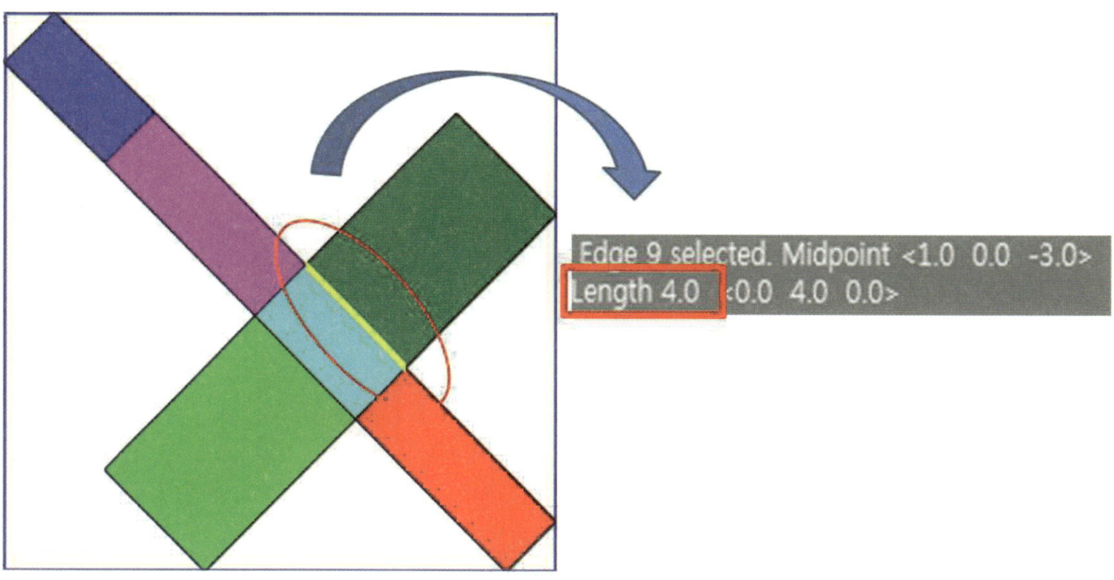


② 전개도에서도 위와 같이 임의의 모서리를 선택하면 정보 표시줄에서 길이를 확인할 수 있다.

## 2) 겉넓이, 둘레, 부피와 꼭짓점, 모서리, 면의 개수 관찰하기

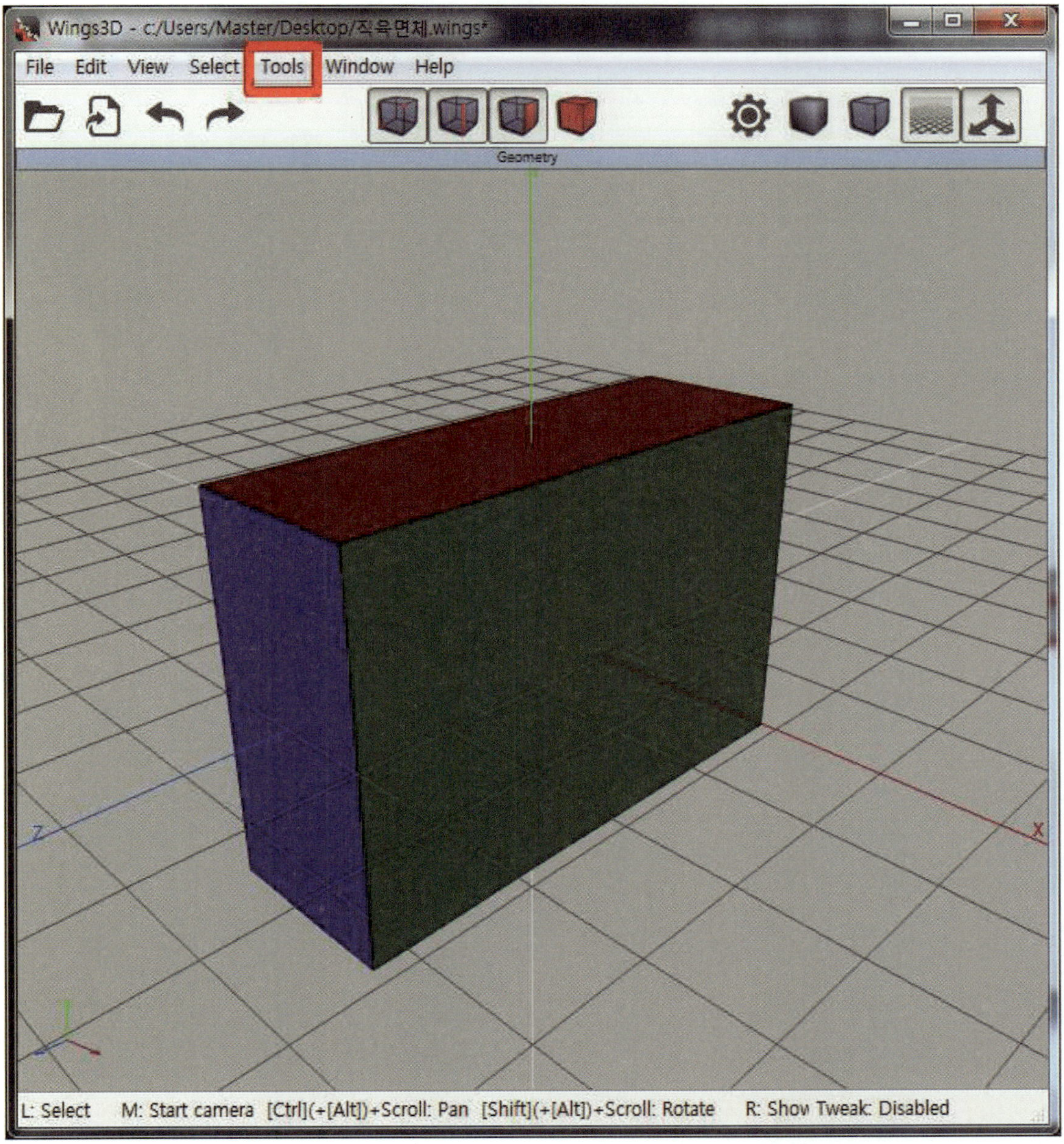


① 입체도형을 생성한 상태에서 Tools 메뉴를 클릭한다.

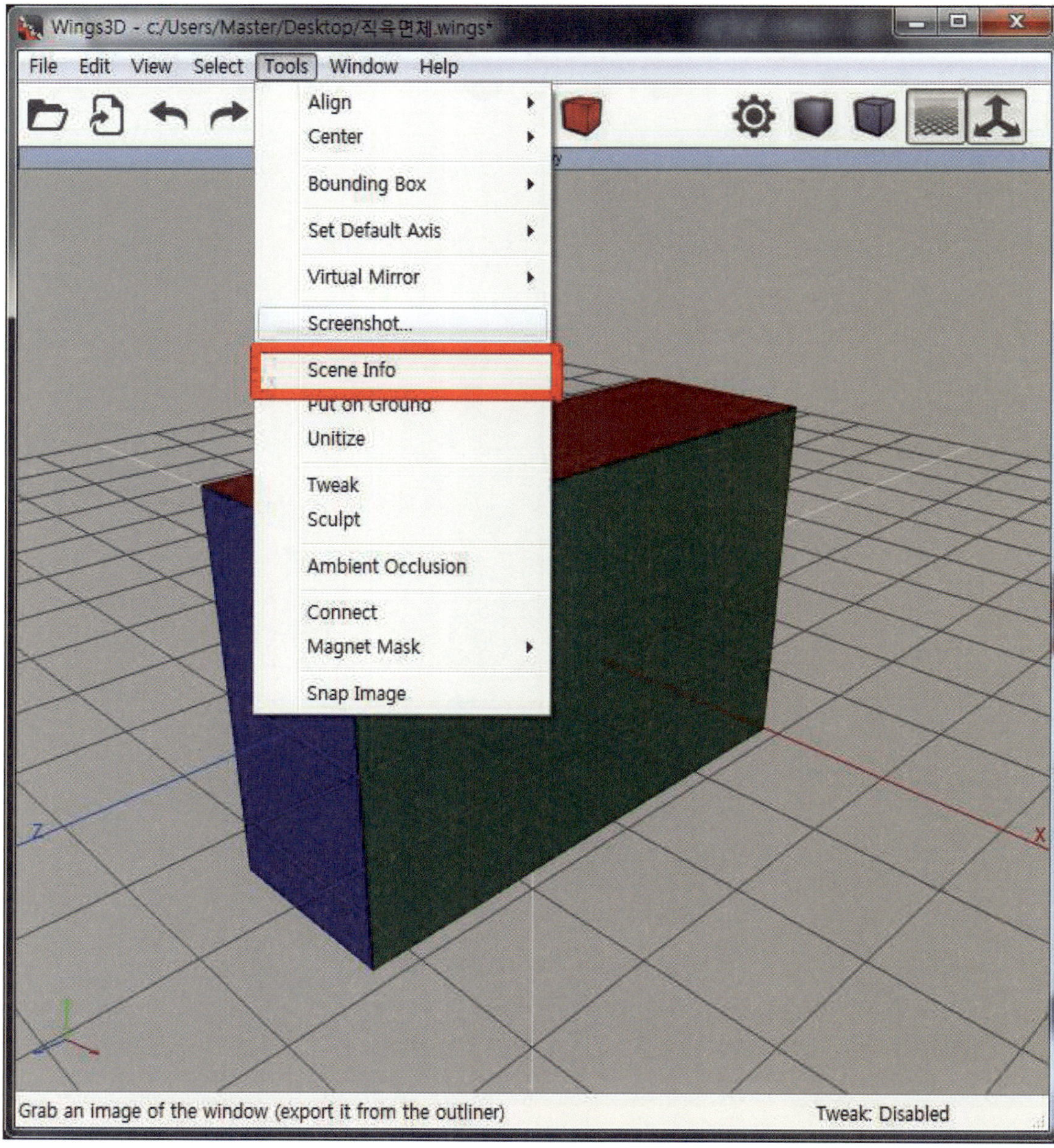


② Tools 메뉴 아래에 Scene Info 메뉴를 클릭한다.

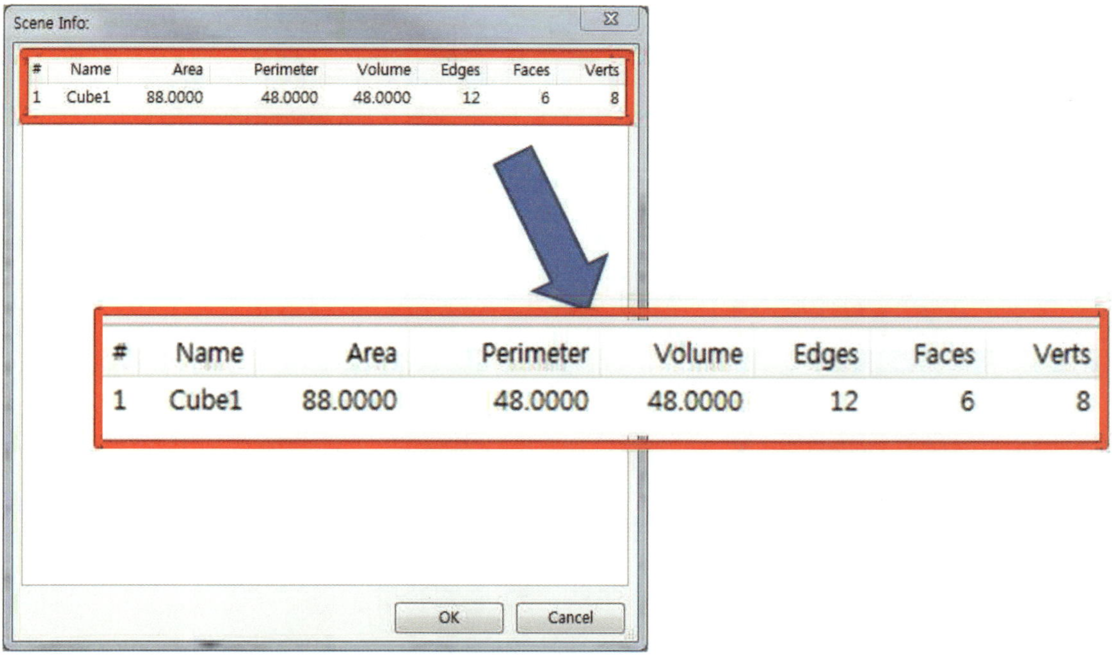


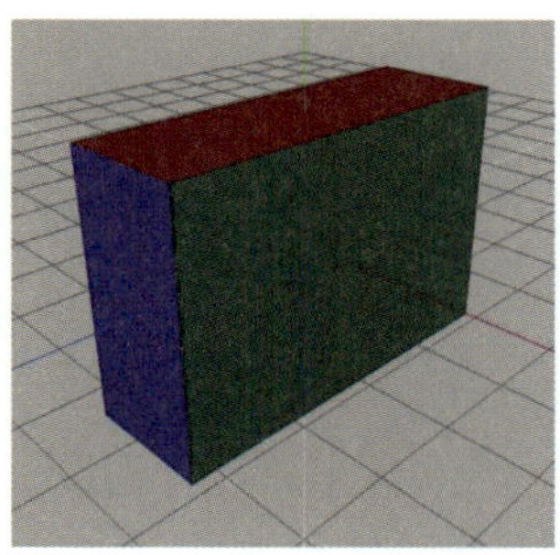

③ Scene Info 창에서 창에서 입체도형의 겉넓이, 둘레길이, 부피, 모서리 개수, 면의 개수, 점의 개수를 확인할 수 있다.

예) 생성된 직육면체 겉넓이(Area) = 88
둘레길이(Perimeter) = 48
부피(Volume) = 48
모서리 개수(Edges) = 12
면의 개수(Faces) = 6
꼭짓점 개수(Verts) = 8

## 3) 직육면체의 겉넓이 구하기

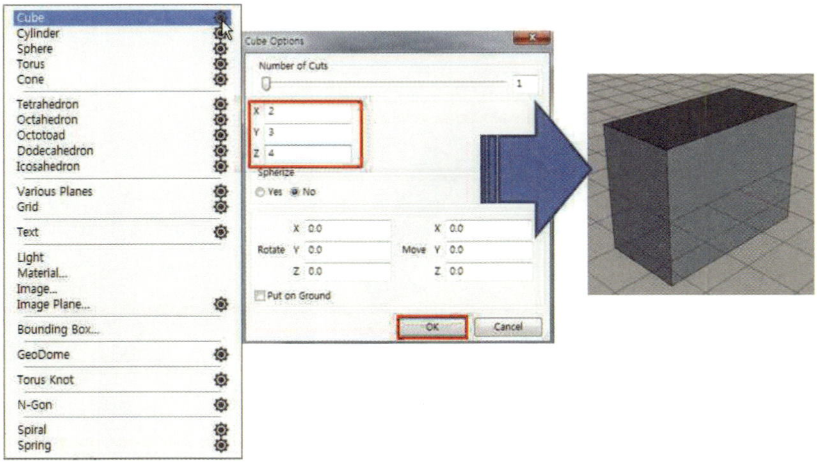


① 메인화면에서 오른쪽 마우스 버튼을 누른다.

② 개체 선택 메뉴에서 Cube 오른쪽의 ⚙ 클릭한다.

③ Cube Options 창에서 X, Y, Z의 값을 2, 3, 4로 입력한 다음 OK를 클릭한다.

④ 각 변의 길이가 2, 3, 4인 직육면체가 생성된다.

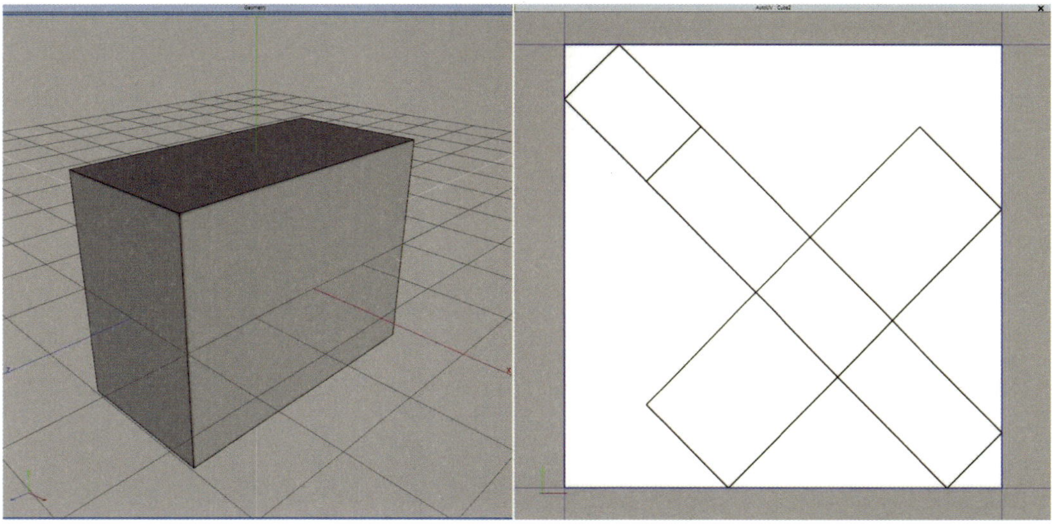

⑤ 5-1)과 같이 전개도를 만든다.

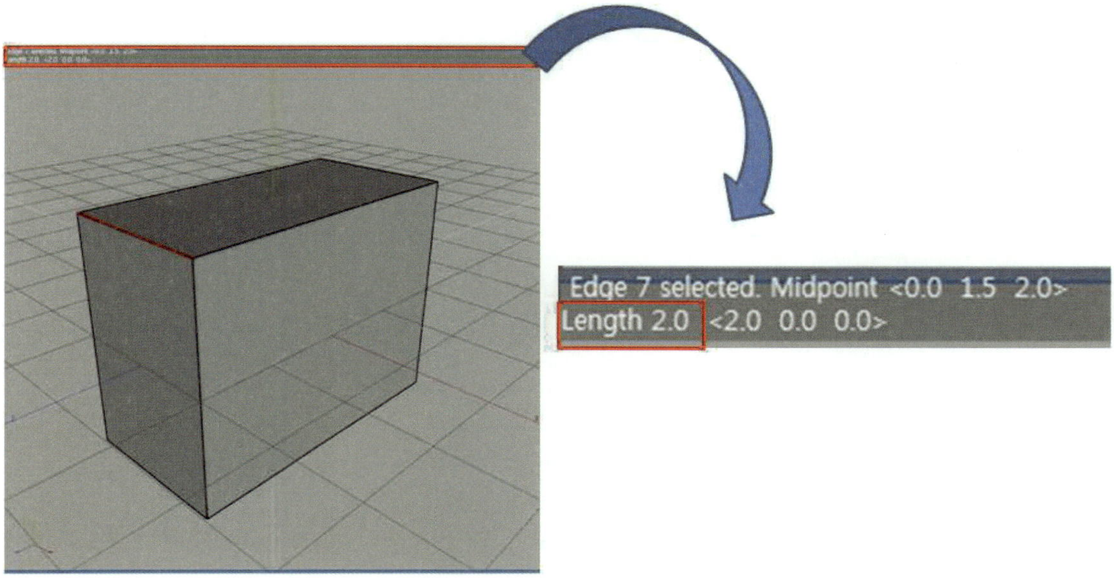


⑥ 직육면체에서 임의의 모서리를 선택하면 위쪽의 정보 표시줄에서 길이를 바로 확인할 수 있다.

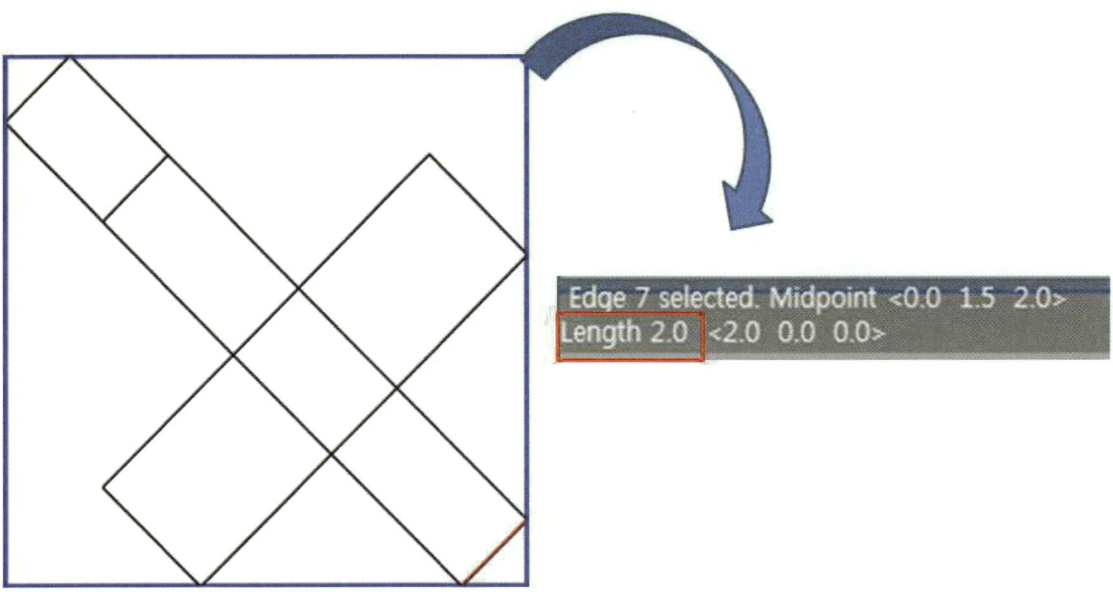


⑦ 전개도에서도 위와 같이 임의의 모서리를 선택하면 정보 표시줄에서 길이를 확인할 수 있다.

**활동 1** 직육면체의 겉넓이 구하는 방법을 알아보시오.

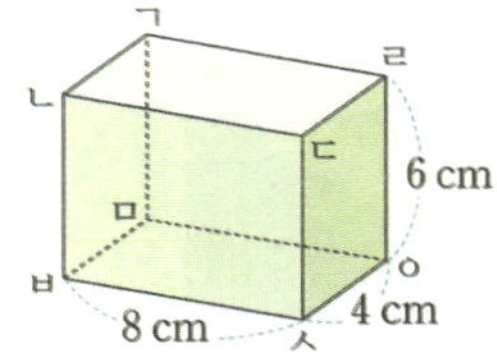


- 각 면의 넓이를 구하시오.

| 면 | 가로(cm) | 세로(cm) | 넓이($cm^2$) |
|---|---|---|---|
| 면 ㄱㄴㄷㄹ | | | |
| 면 ㅁㅂㅅㅇ | | | |
| 면 ㄴㅂㅁㄱ | | | |
| 면 ㄷㅅㅇㄹ | | | |
| 면 ㄴㅂㅅㄷ | | | |
| 면 ㄱㅁㅇㄹ | | | |

- 여섯 면의 넓이의 합을 구하시오.

**활동 2** 직육면체의 겉넓이 구하는 여러 가지 방법을 알아보시오.

- 나만의 방법으로 직육면체의 겉넓이를 구하고 친구들에게 그 방법을 설명해 보시오.

초등학교 6학년 수학 6-1 교과서(교육부)
6장 직육면체의 겉넓이와 부피 P.176~177

※ 수학 6-1 교과서에는 직육면체의 겉넓이 구하는 방법을 따로 설명하지 않고, 스스로 생각하고 친구들과 토의를 통해 알아내도록 유도하고 있다.

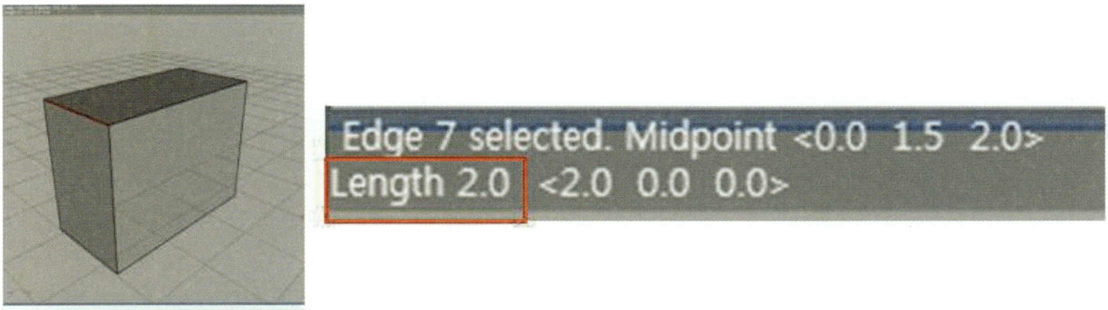


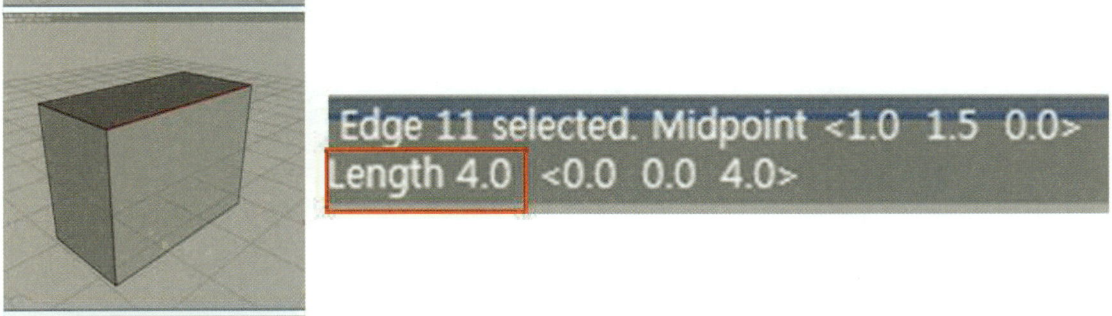


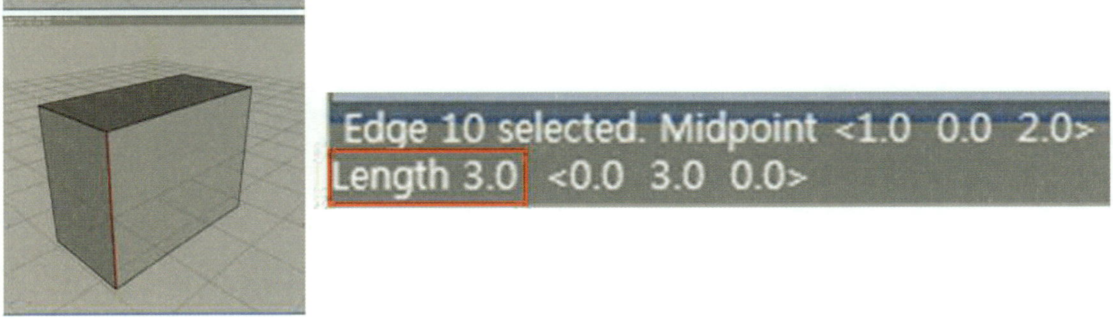


⑧ 직육면체의 겉넓이는 직육면체의 여섯 면의 넓이의 합이다. 직육면체에서 마주보는 3쌍의 면의 넓이는 각각 같다. 위의 그림에서 얻은 모서리의 값을 이용하여 6면의 넓이를 구할 수 있다.

예) 위의 그림 속 직육면체의 겉넓이 = (2x4 + 4x3 + 3x2) x 2 = 52

**활동 1** 전개도를 이용하여 직육면체의 겉넓이 구하는 방법을 알아보시오.

- 전개도의 특징은 무엇인지 이야기해 보시오.

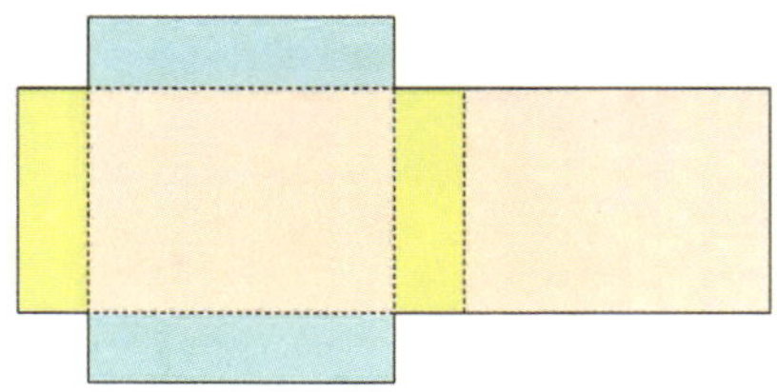

- 전개도에서 각 면의 넓이는 어떻게 구할 수 있는지 이야기해 보시오.
- 직육면체의 겉넓이 구하는 방법을 식으로 정리해 보시오.

**활동 2** 전개도를 이용하여 정육면체의 겉넓이 구하는 방법을 알아보시오.

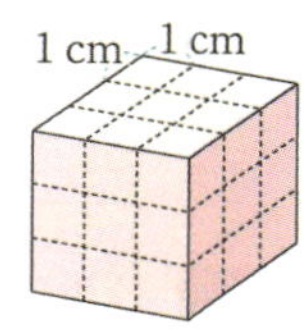


- 오른쪽 정육면체의 전개도를 모눈종이에 그려 보시오.

- 전개도에서 각 면의 넓이는 어떻게 구할 수 있는지 이야기해 보시오.
- 정육면체의 겉넓이 구하는 방법을 식으로 정리해 보시오.

초등학교 6학년 수학 6-1 교과서(교육부)
6장 직육면체의 겉넓이와 부피 P.178~179

※ 수학 6-1 교과서에는 전개도에서 직육면체의 겉넓이를 구하는 방법을 따로 설명하는 대신 스스로 생각하고 친구들과 토의를 통해 알아내도록 유도하고 있다.

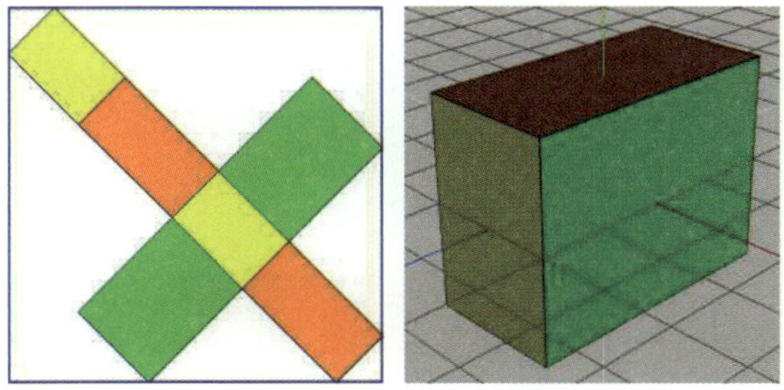

⑩ 위의 그림과 같이 직육면체의 전개도에서 색상이 같은 면은 넓이가 같다는 것을 쉽게 확인할 수 있다. Vertex Color 기능을 이용하여 면의 색상을 쉽게 변경할 수 있다. 기본 창에서 면에 각각의 색상을 지정해 주고 전개도 창에서 Create Texture 메뉴를 호출하여 OK를 누르면 변경된 색상이 적용된다.

※색상 변경 방법

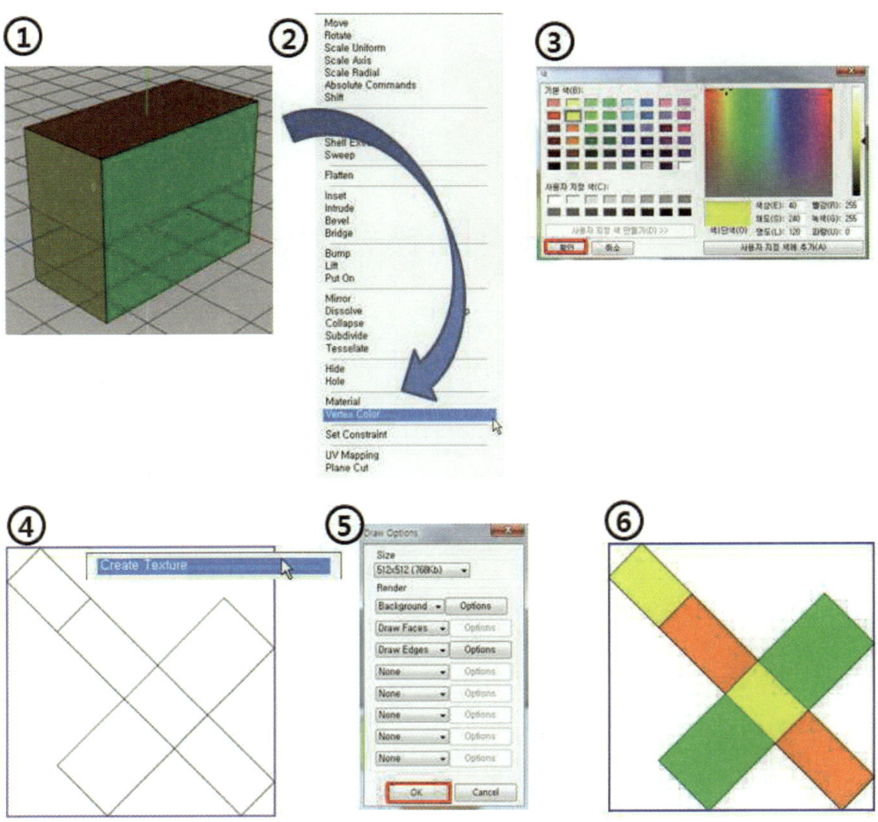

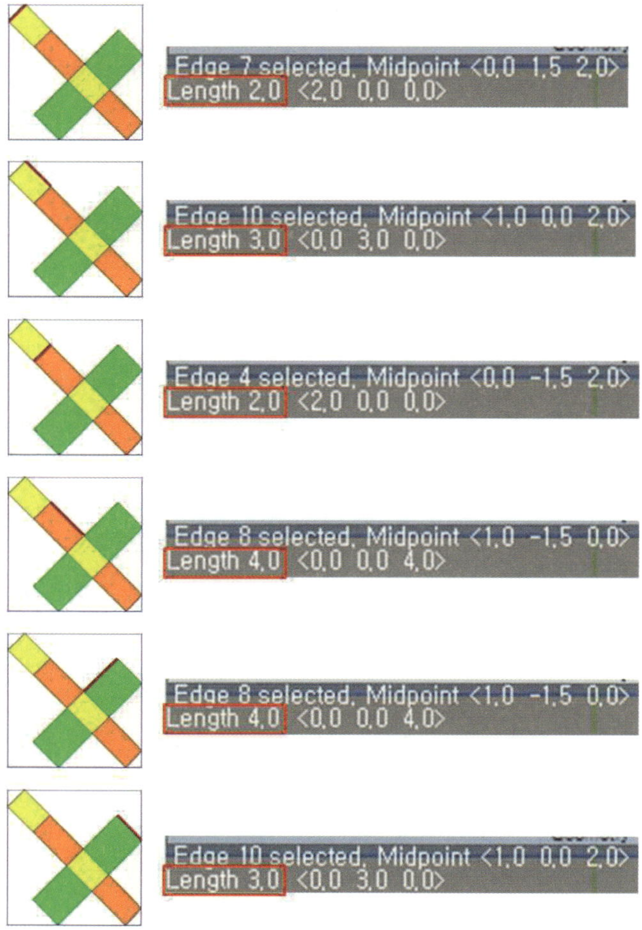

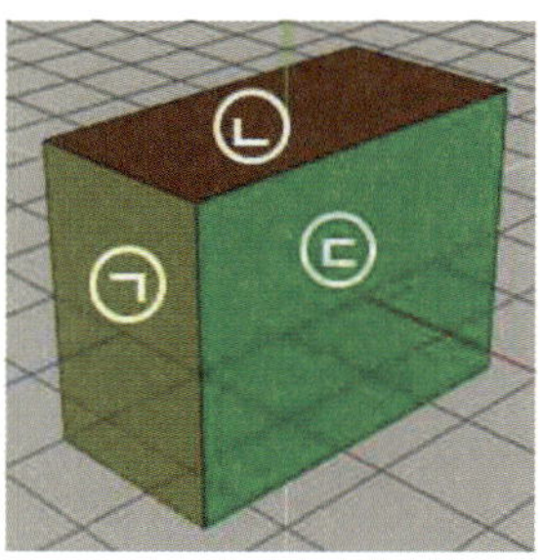


⑪ 두 개의 ㉠면, ㉡면, ㉢면은 직육면체에서 마주 보는 면으로 서로 크기가 같은 면임을 알 수 있다. 같은 크기의 면이 3쌍이 존재하는 직육면체의 겉넓이를 구하는 방법을 아래와 같이 유추할 수 있다.

❶ ㉠면, ㉡면, ㉢면 각 변의 길이를 확인한다.
❷ 확인한 변의 길이를 토대로 ㉠면, ㉡면, ㉢면 각각의 넓이를 구한다.
❸ ㉠면, ㉡면, ㉢면은 두 개씩 존재하므로 ❷에서 구한 넓이를 각각 x 2한다.
❹ x 2를 한 세 개의 넓이 값을 모두 더한다.

예) 직육면체의 겉넓이 = (㉠면 넓이) x 2 + (㉡면 넓이) x 2 + (㉢면 넓이) x 2
= (2 x 3) x 2 + (2 x 4) x 2 + (4 x 3) x 2 = 52

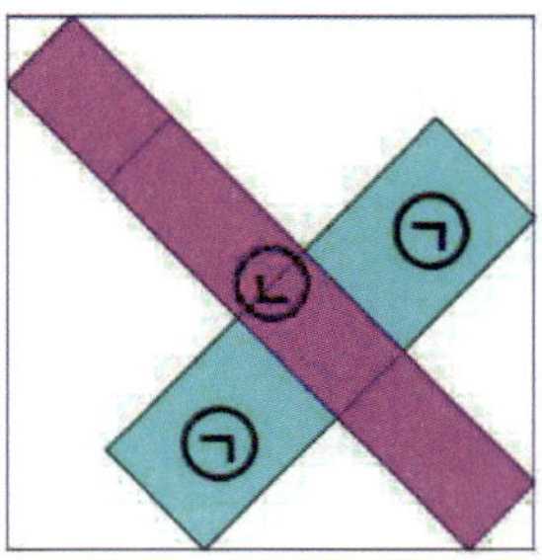


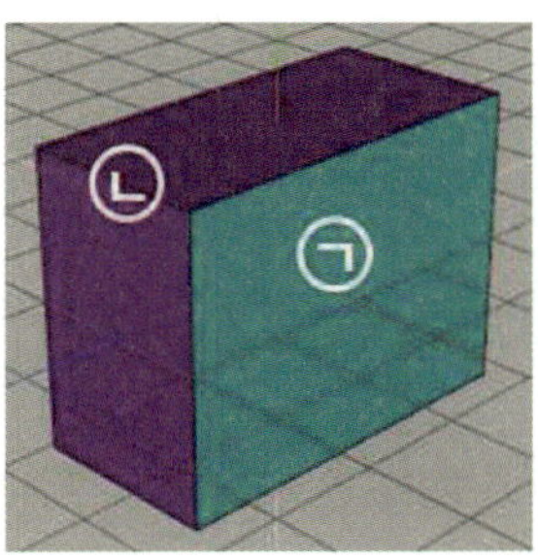

⑫ 크기가 같은 두 개의 ㉠면과 한 개의 ㉡면으로 이루어진 직육면체의 전개도를 보고 직육면체의 겉넓이 구하는 방법을 아래와 같이 유추할 수 있다.

❶ ㉠면, ㉡면 각 변의 길이를 확인한다.

❷ 확인한 변의 길이를 토대로 ㉠면, ㉡면 각각의 넓이를 구한다.

❸ ㉠면은 두 개 존재하므로 ❷에서 구한 ㉠면의 넓이를 x 2한다.

❹ x 2한 ㉠면의 넓이와 ㉡면의 넓이를 더한다.

예) 직육면체의 겉넓이 = (㉠면 넓이) X 2 + (㉡면 넓이)
= (4 x 3) x 2 + (3 + 4 + 3 + 4) x 2 = 52

## 4) 직육면체의 부피 구하기

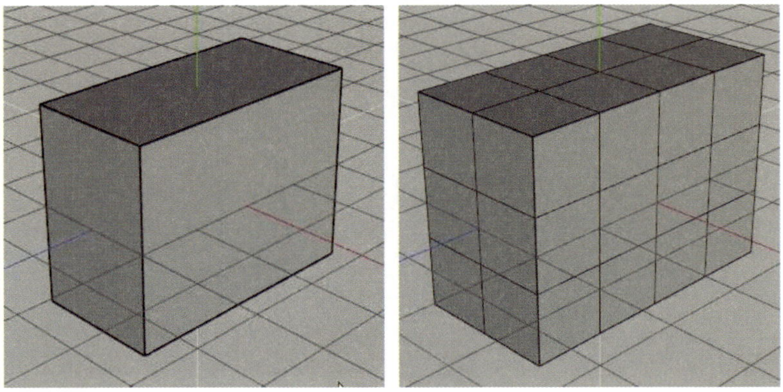

① Slice 기능을 사용하여 직육면체를 한 모서리의 길이가 1인 정육면체로 나누어 볼 수 있다. 직육면체와 한 모서리의 길이가 1인 정육면체 24개가 차지하는 공간의 크기가 같음을 쉽게 확인할 수 있다.(Slice 기능의 자세한 설명)

※Slice 기능 : 선택된 객체를 기본 세 축 방향(X, Y, Z)에서 동일한 크기로 나눌 수 있다. 나누고자 하는 개수를 입력하면 된다.

※Slice 기능 사용방법

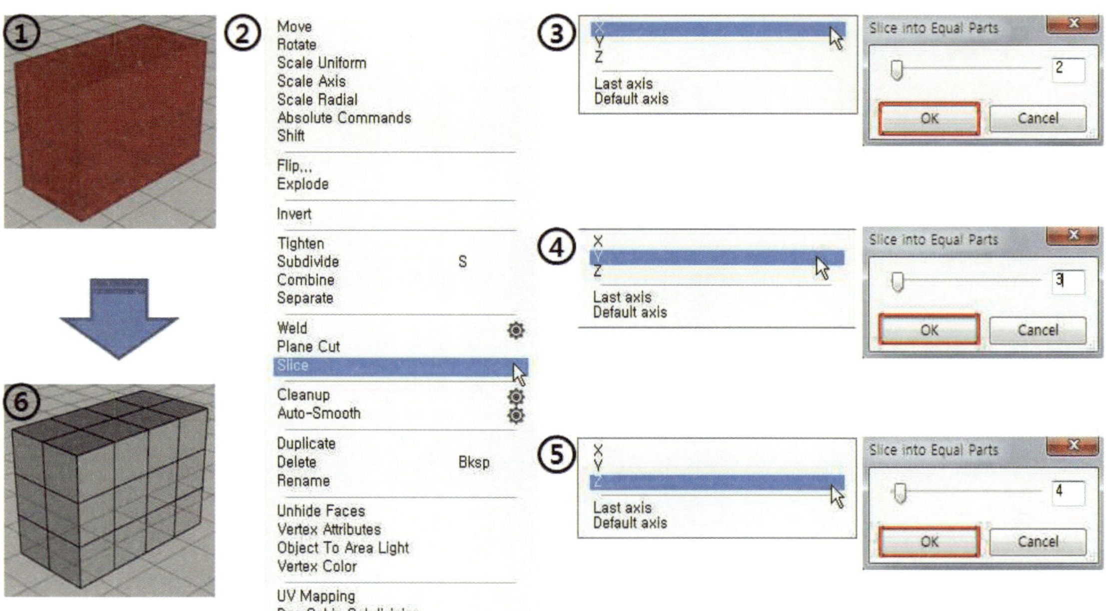

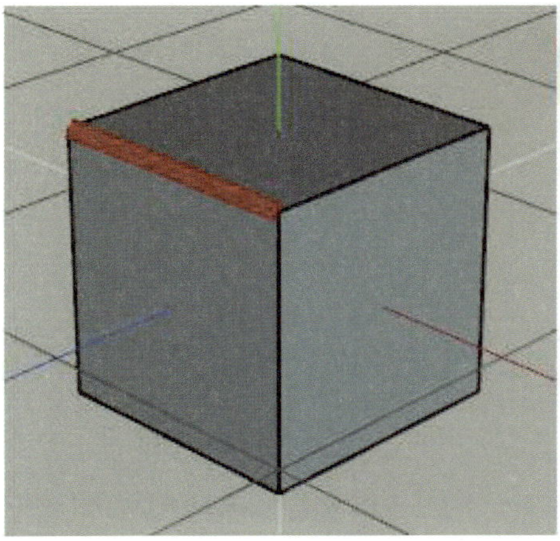

② 부피는 물체 한 개가 차지하는 공간의 크기를 의미한다.
길이의 단위를 ㎝라고 가정하면 한 모서리의 길이가 1㎝인 정육면체의 부피는 1㎤라 하고 1 세제곱 센티미터라고 읽는다.

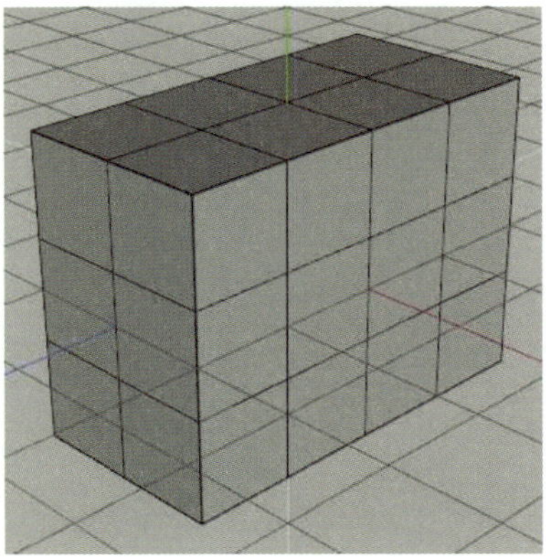

③ 한 모서리의 길이가 1㎝인 정육면체 24개의 부피는 24㎤ 임을 유추할 수 있다.
24개의 정육면체와 부피가 같은 직육면체의 부피 또한 24㎤ 임을 알 수 있다.

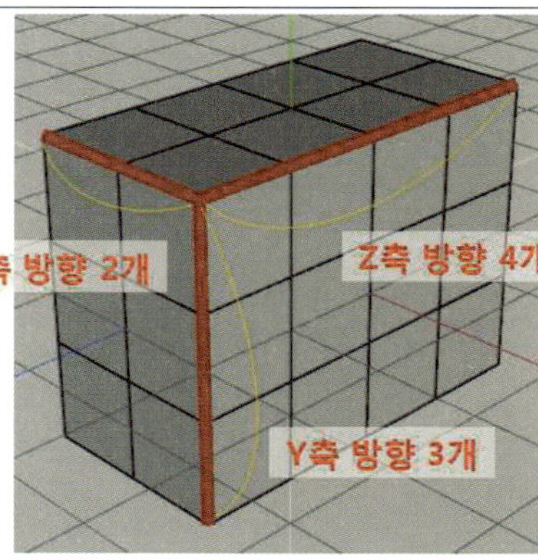


④ 직육면체 형태로 보이는 부피가 1㎤인 정육면체의 개수를 쉽게 세는 방법을 생각해 볼 수 있다.

예) 정육면체가 X 축 방향으로 2개, Z 축 방향으로 4개가 있으므로 Y 축 방향의 한 층은 2 x 4 = 8개로 생각할 수 있다. 정육면체 8개로 구성된 층이 Y 축 방향으로 총 3개의 층이 존재함으로 정육면체의 총개수가 8 x 3 = 24개임을 생각할 수 있다.

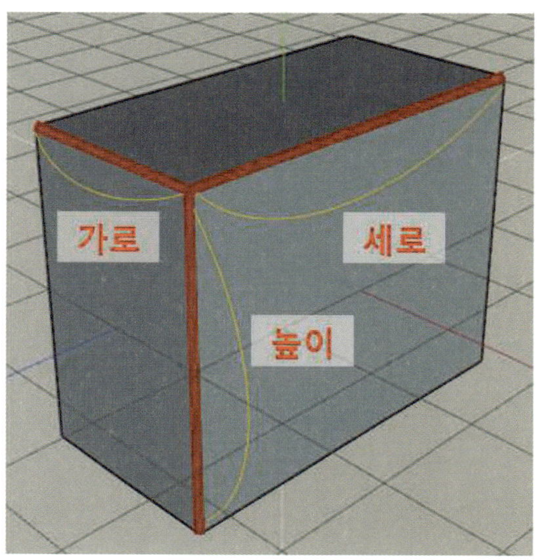


⑤ 부피가 1㎤인 정육면체의 개수를 세는 방법을 통해 직육면체의 부피를 구하는 방법을 아래와 같이 생각해 볼 수 있다.

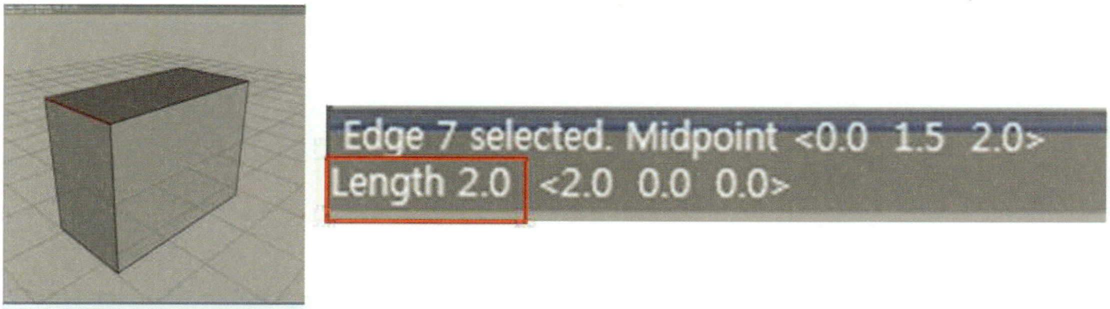


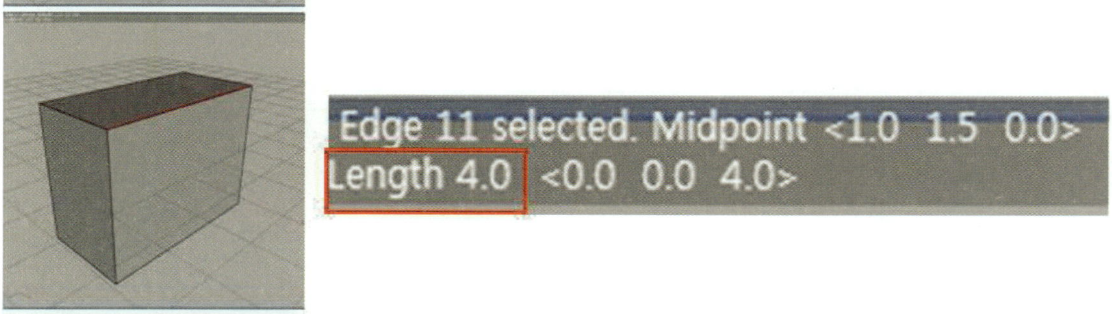


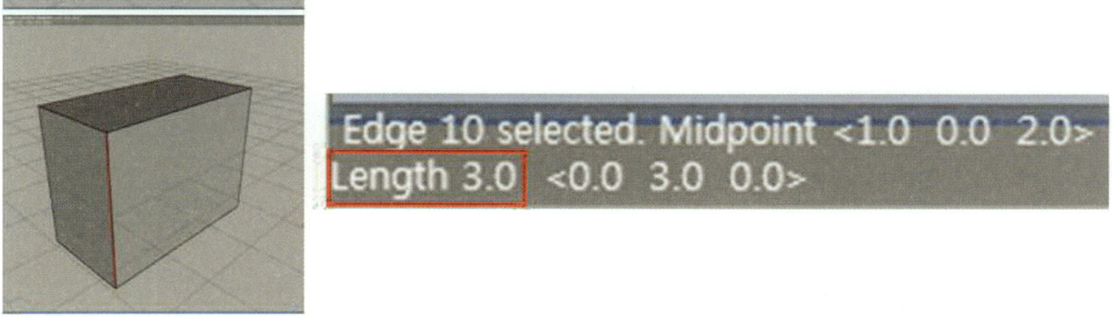


❶ 가로, 세로, 높이의 길이를 확인한다.
❷ 가로, 세로, 높이 값을 모두 곱한다.

예) 길이의 단위를 ㎝라고 가정하면

직육면체의 부피 = (가로) x (세로) x (높이)

= 2 x 4 x 3 = 24㎤

# 제 8 장

# 회전체 만들기

# 제8장. 회전체 만들기

## 1) 원기둥 만들기

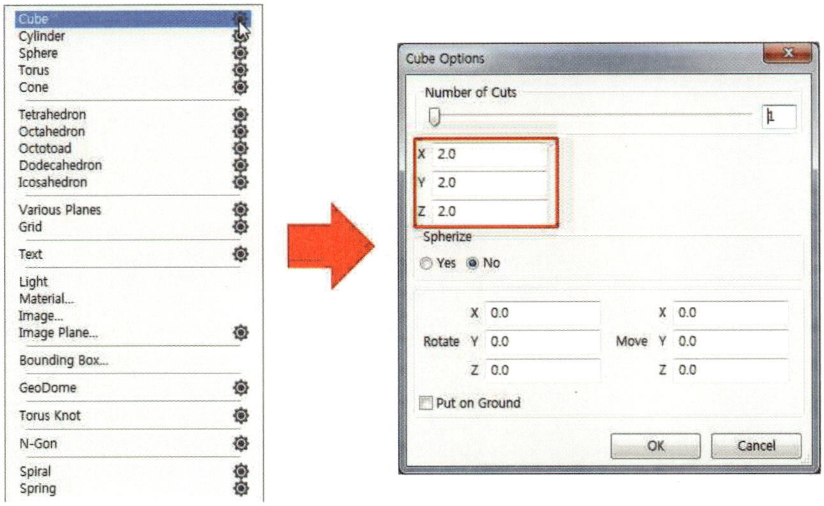


① 메인화면 – 클릭하여 나타난 선택 메뉴에서 Cube 우측의 모양을 클릭하면 Cube Options 창이 나타난다. X, Y, Z 값은 육면체의 변의 길이를 가리킨다.

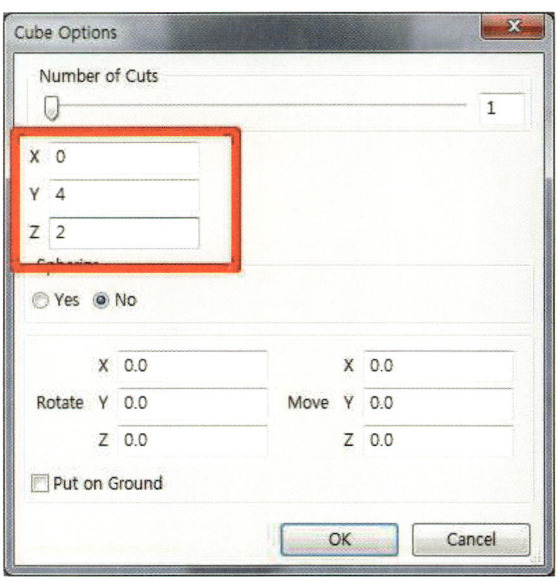


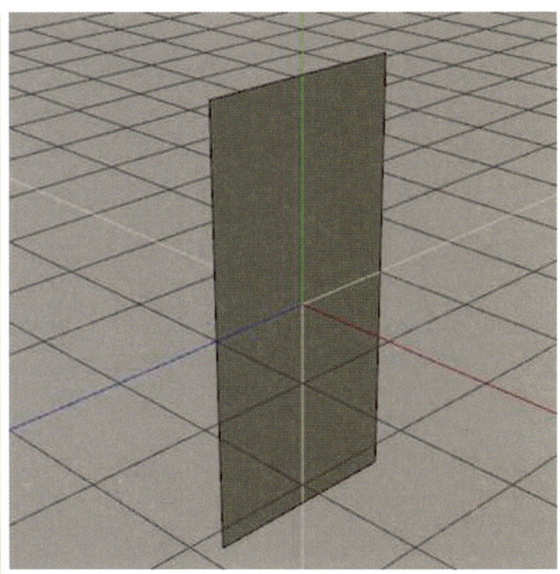

② Cube Options 창에서 X=0, Y=4, Z=2 값을 입력한 다음 OK를 클릭하여 직사각형을 생성한다.

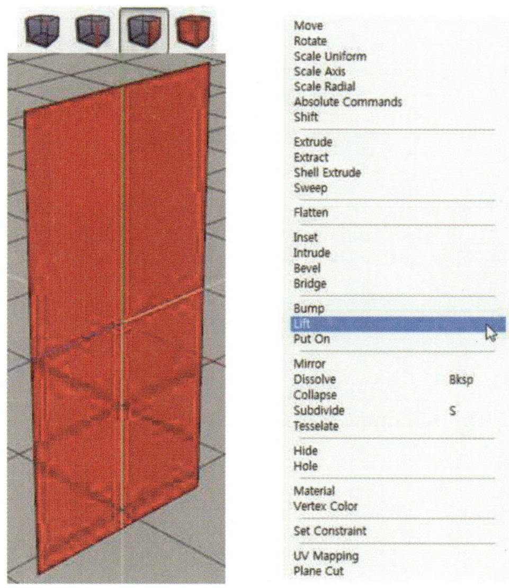


③ Face(면)[F] 선택 모드로 직사각형을 선택한다.

클릭 - 메뉴에서 Lift를 선택한다.

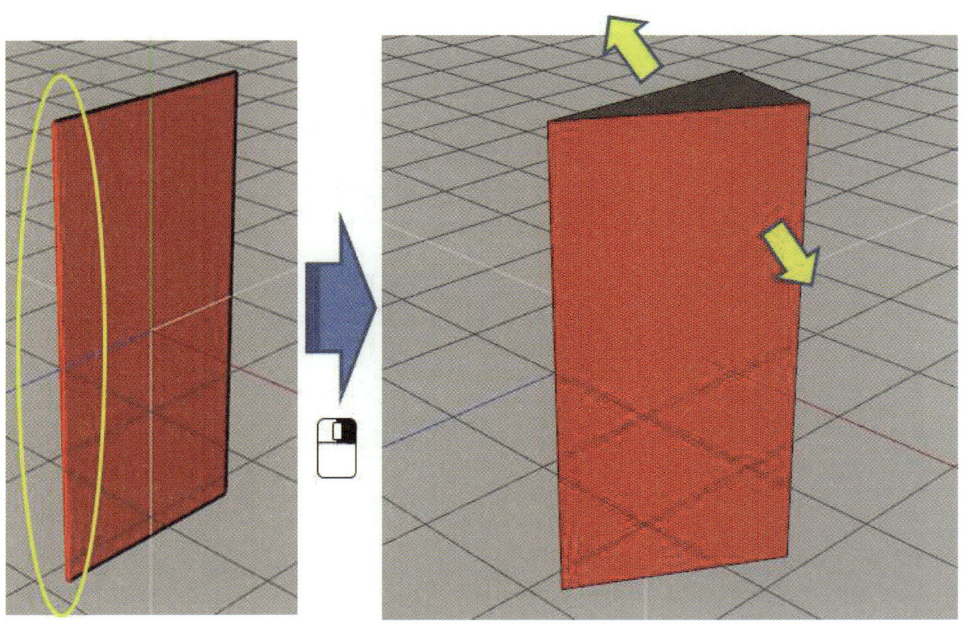

④ 회전축을 선택한다. 클릭을 하면 마우스를 움직여 회전시킬 수 있다.

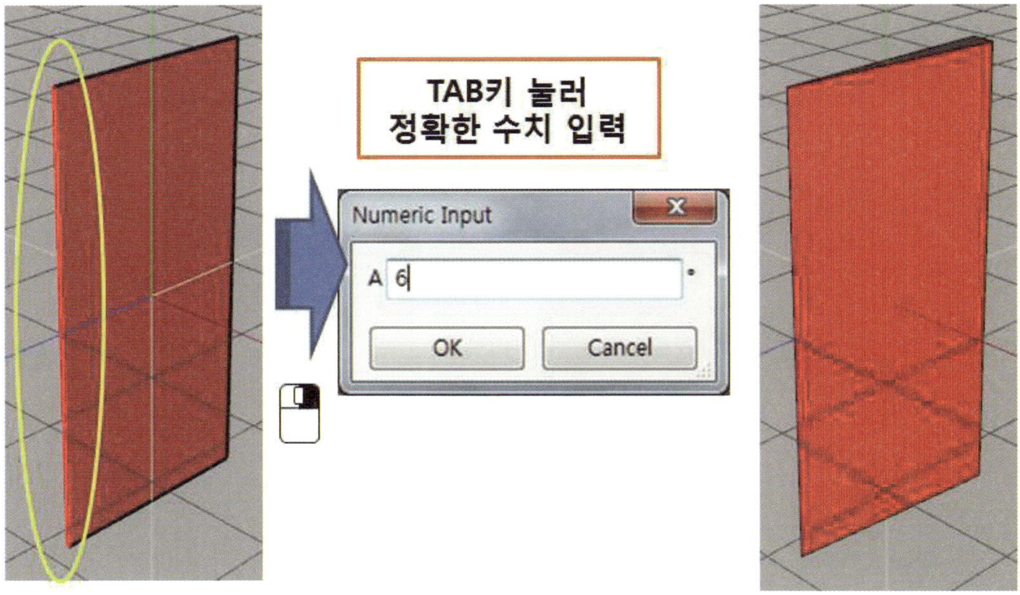


⑤ 회전축을 선택한다.

클릭을 한 상태에서 [⇆] 키를 눌러 회전하는 최소 각도(6)를 입력한다.

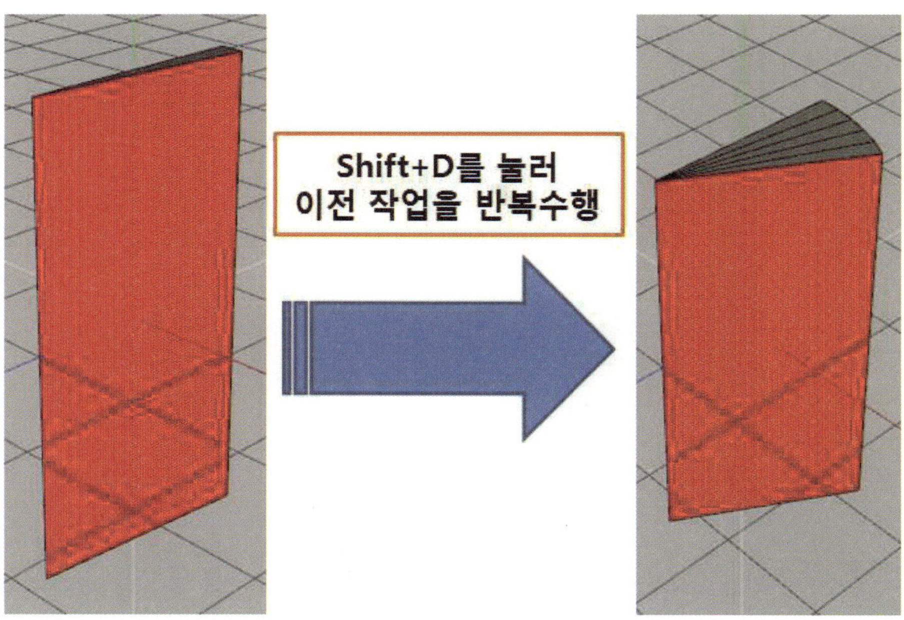


⑥ [Shift+D] 키를 이용해 6도씩 단계적으로 회전시킬 수 있다.

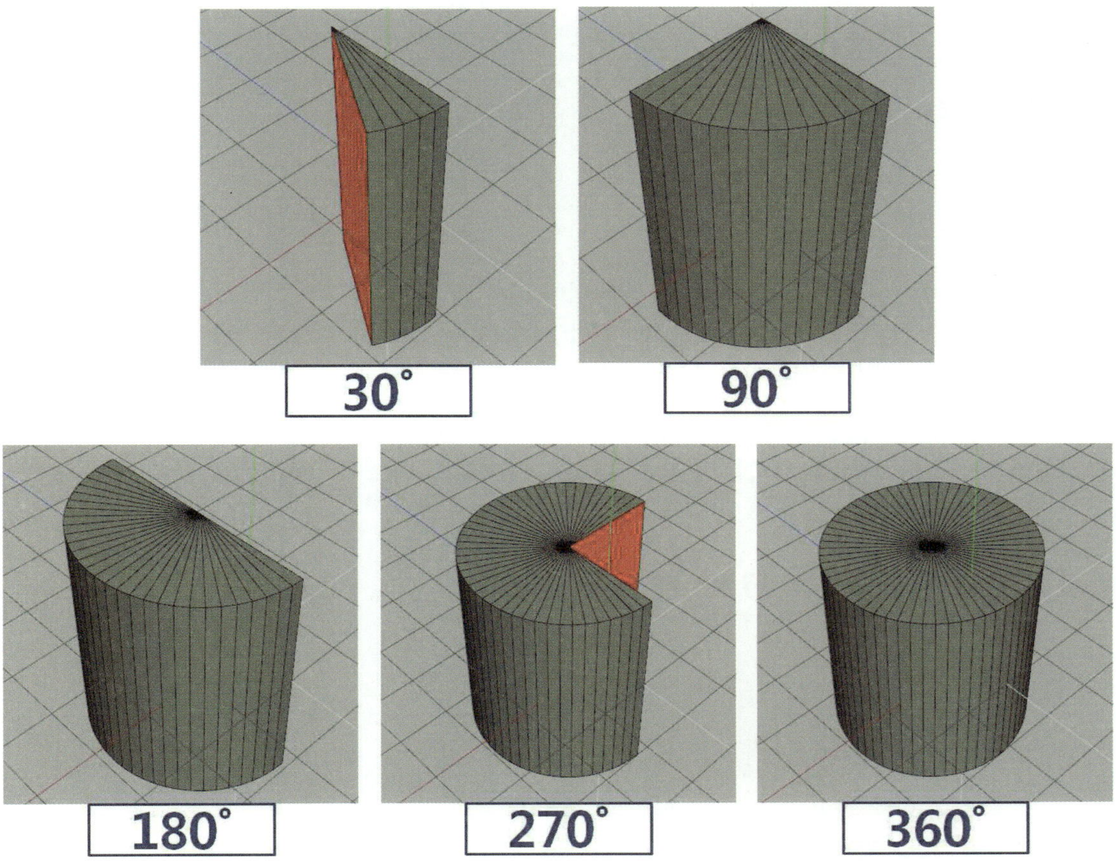


⑦ 직사각형의 좌측 모서리를 회전축으로 하여 6도씩 회전시켜 원기둥을 만든다.

## 2) 원뿔 만들기

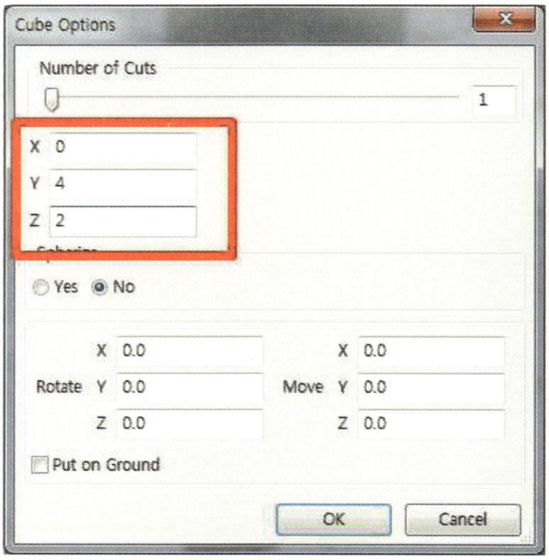


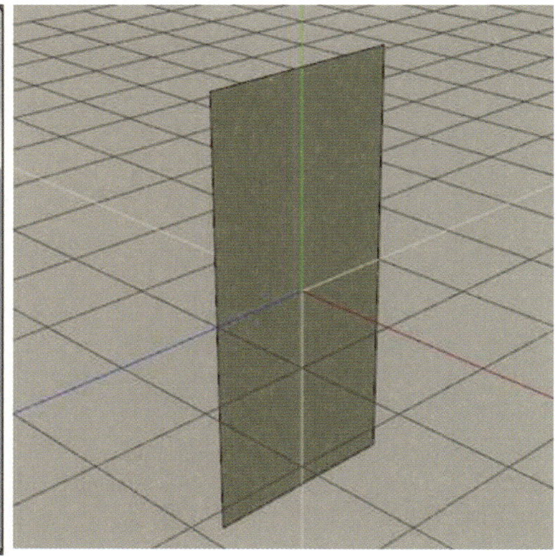

① 메인화면 – 클릭하여 나타난 선택 메뉴에서 Cube 우측의 모양을 클릭하면 Cube Options 창이 나타난다. Cube Options 창에서 X=0, Y=4, Z=2 값을 입력한 다음 OK를 클릭하여 직사각형을 생성한다.

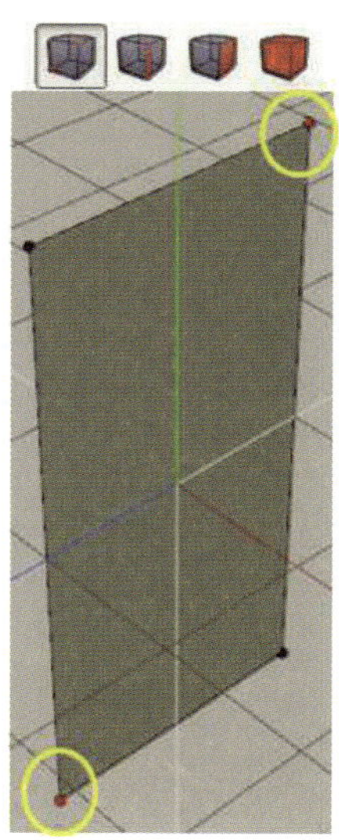

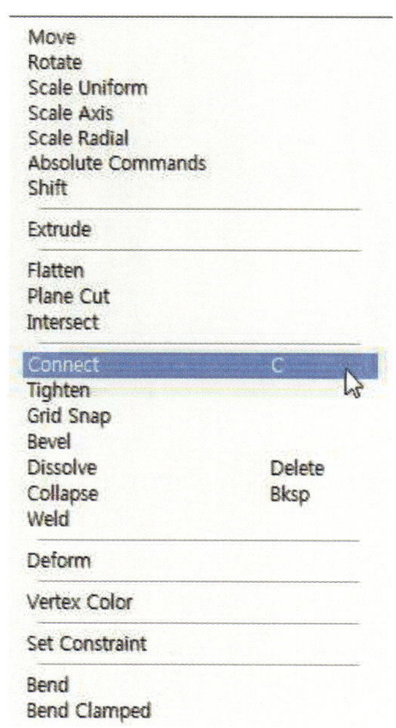


② Vertex(점)[V] 선택 모드로 직사각형의 좌측 하단, 우측 상단의 두 꼭짓점을 선택한다. 클릭 – 메뉴에서 Connect를 선택한다.

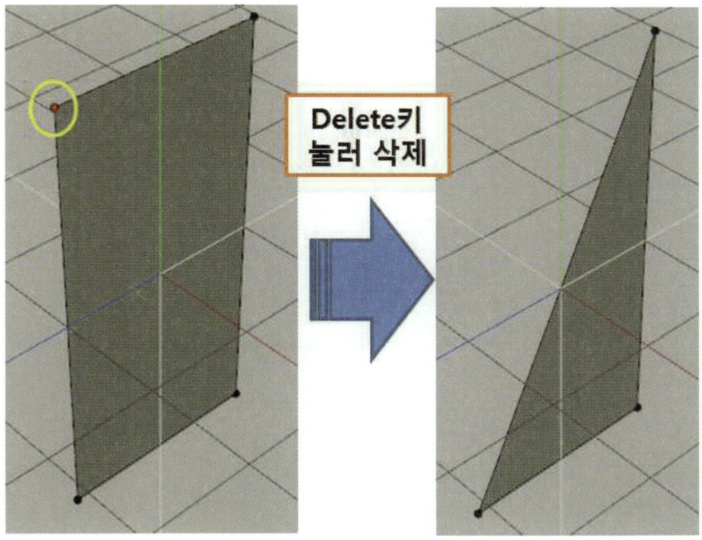


③ [Space Bar]를 눌러 선택을 해제한다. 다시 직사각형의 좌측 상단 꼭짓점을 선택한다. 선택한 꼭짓점을 [Del]로 삭제하여 직삼각형을 만든다.

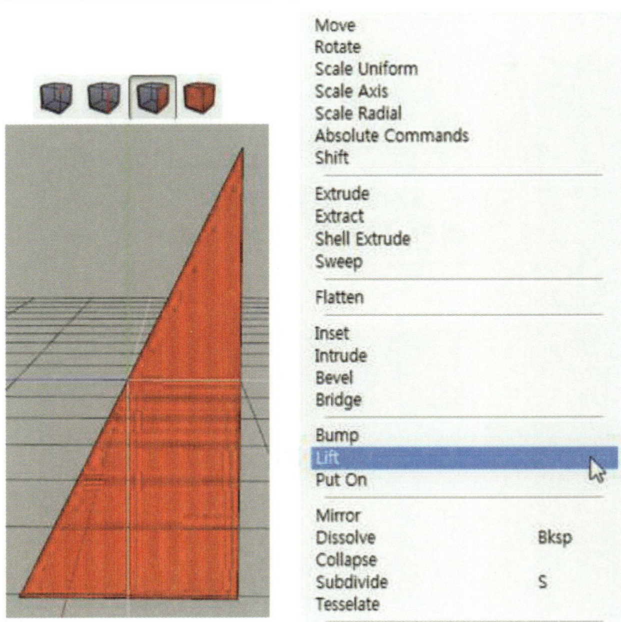


④ Face(면)[F] 선택 모드로 직삼각형을 선택한다.

클릭 - 메뉴에서 Lift를 선택한다.

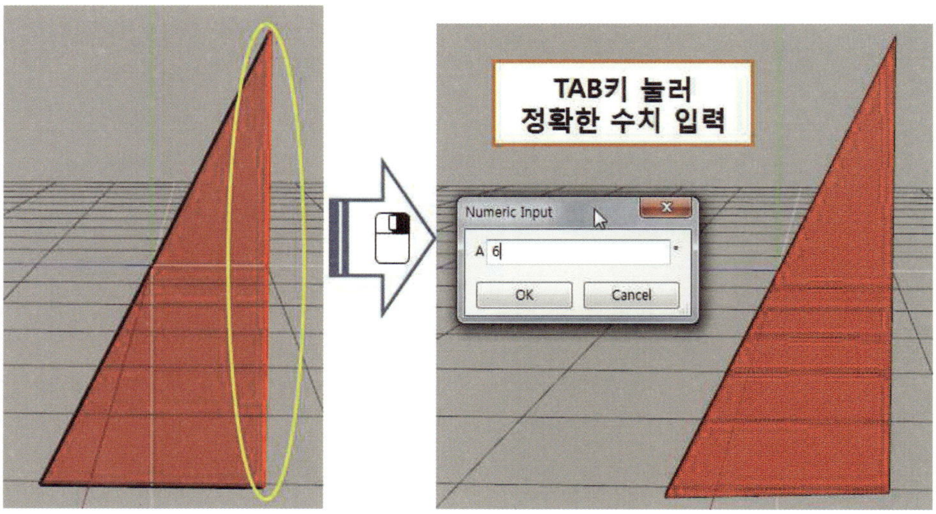


⑤ 회전축을 선택한다.

클릭을 한 상태에서 [↹] 키를 눌러 회전하는 최소각도(6)를 입력한다.

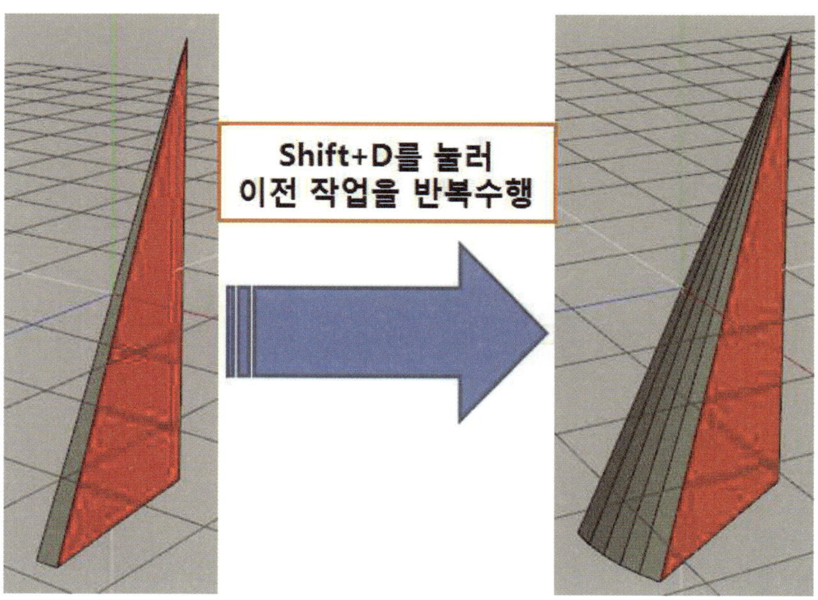


⑥ [Shift+D] 키를 이용해 6도씩 단계적으로 회전시킬 수 있다.

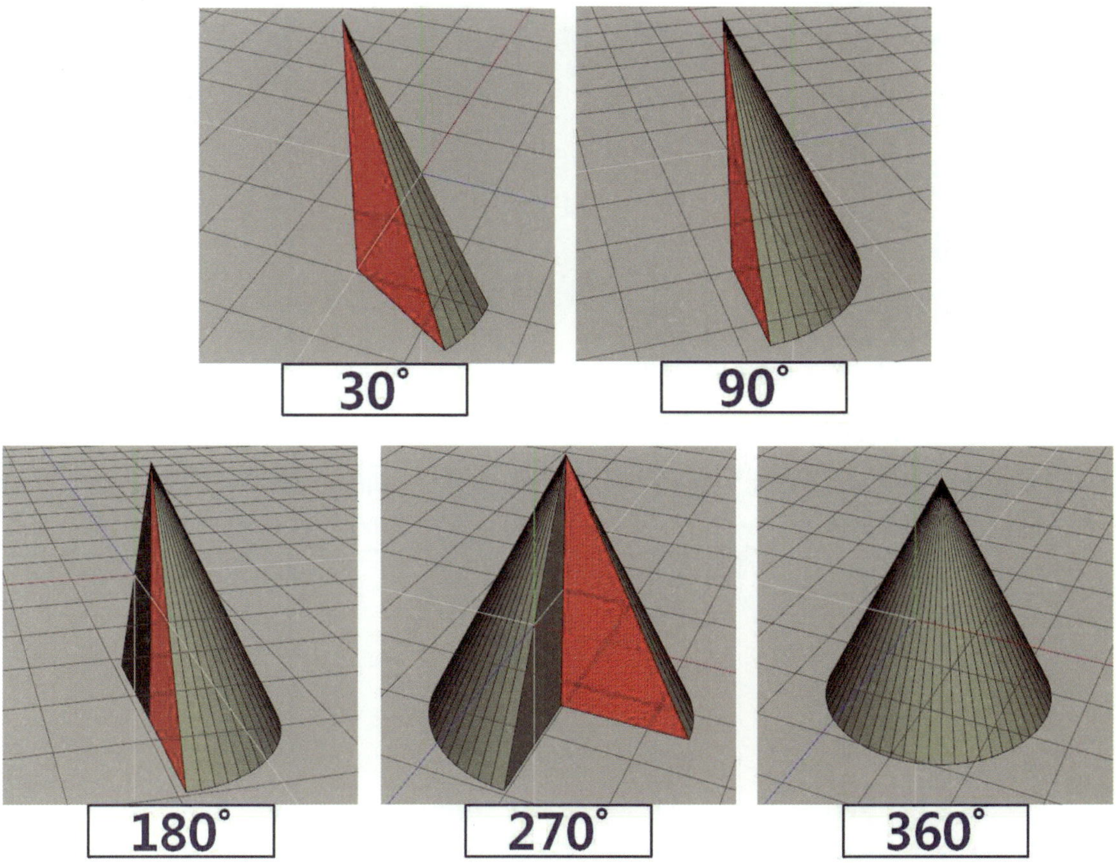


⑦ 직삼각형을 회전시켜 원기둥을 완성한다.

## 3) 구 만들기

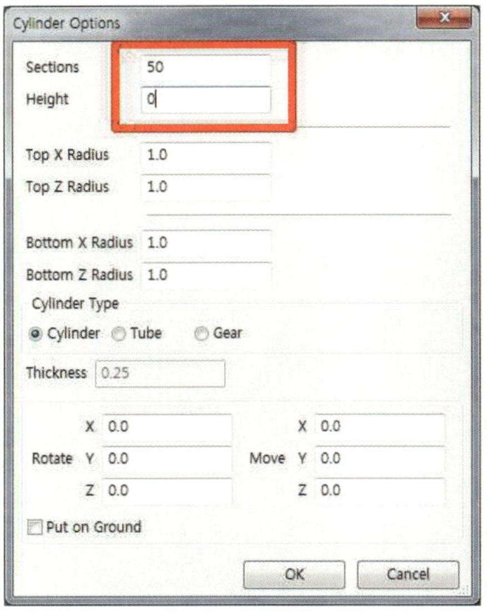

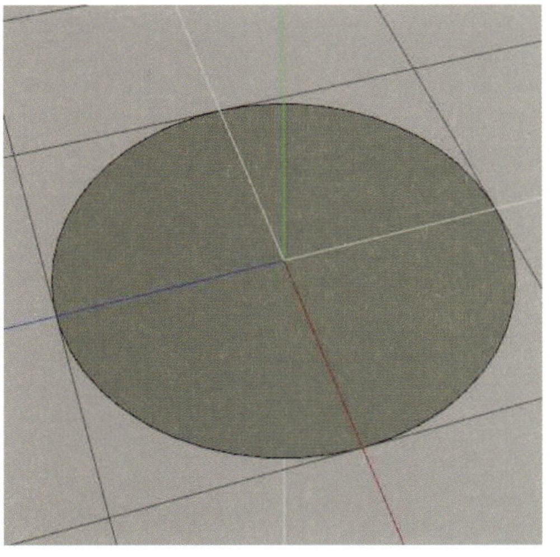

① 메인화면 - 클릭하여 선택 메뉴에서 Cylinder 우측의 모양을 클릭하면 Cylinder Options 창이 나타난다. 나타난 창에서 Sections=50, Height=0 값을 입력하고 OK를 클릭하여 원을 생성한다.

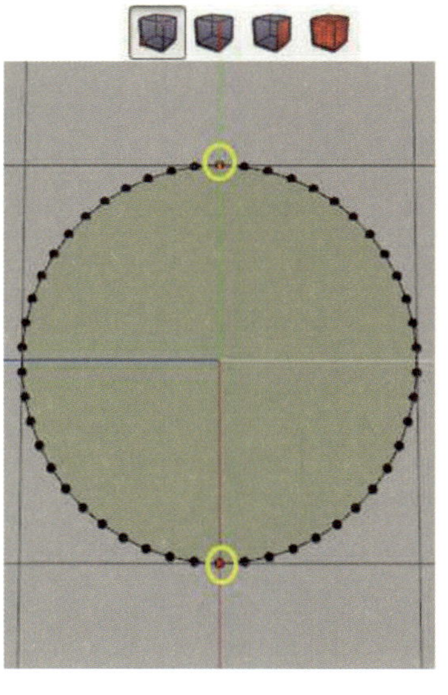
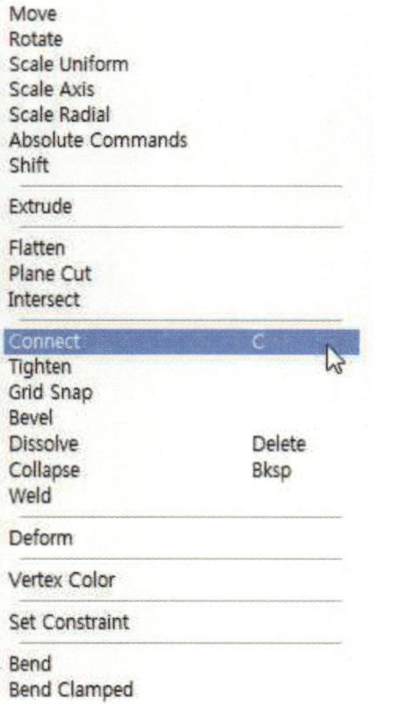


② Vertex(점)[V] 선택 모드로 원의 중심을 기준으로 일직선을 이루는 두 점을 선택한다. 클릭 - 메뉴에서 Connect를 선택한다.

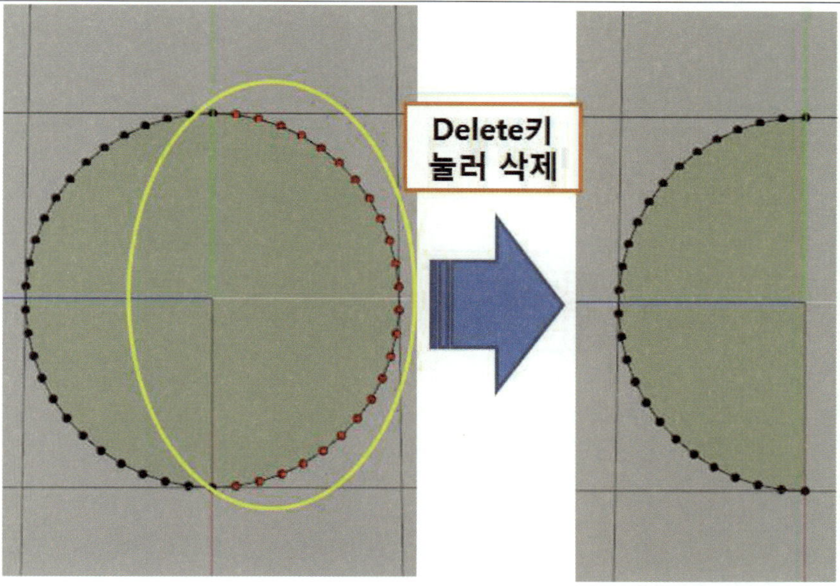


③ [Space Bar]를 눌러 선택을 해제한다.
원의 중심을 기준으로 일직선의 오른쪽 점들을 모두 선택한다.
선택한 점을 [Del]로 삭제하여 반원을 만든다.

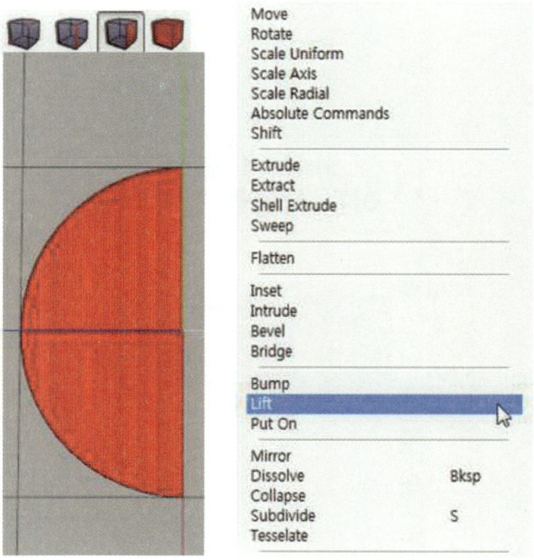


④ Face(면)[F] 선택 모드로 반원을 선택한다.
클릭 - 메뉴에서 Lift를 선택한다.

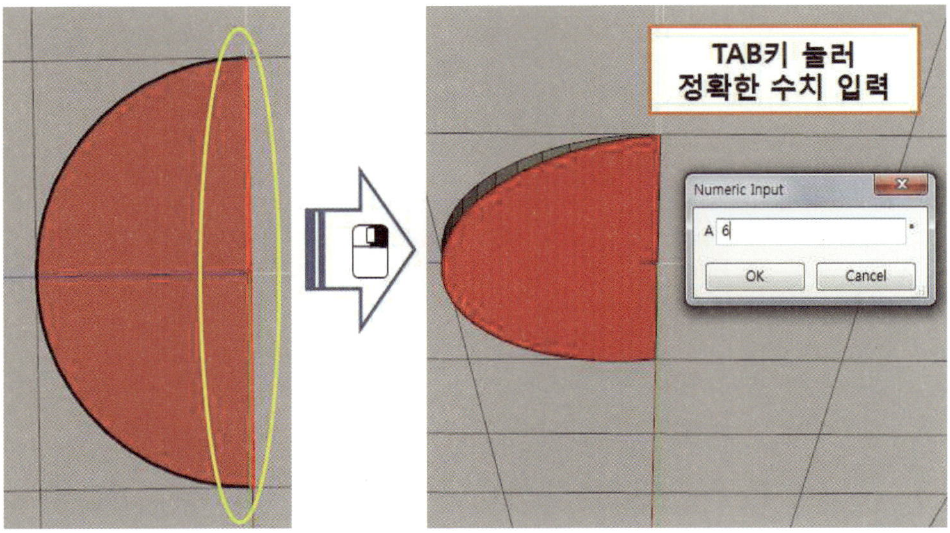


⑤ 회전축을 선택한다.

클릭을 한 상태에서 [Tab] 키를 눌러 회전하는 최소각도(6)를 입력한다.

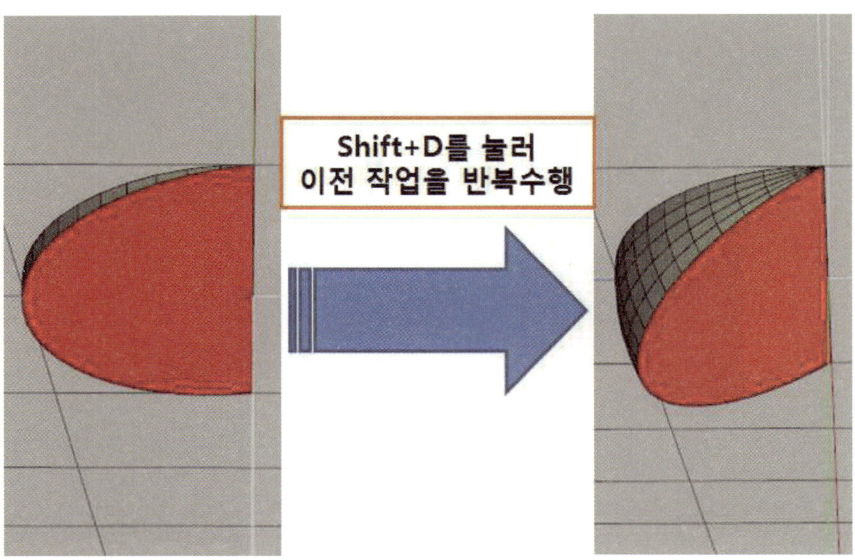


⑥ [Shift+D] 키를 이용해 6도씩 단계적으로 회전시킬 수 있다.

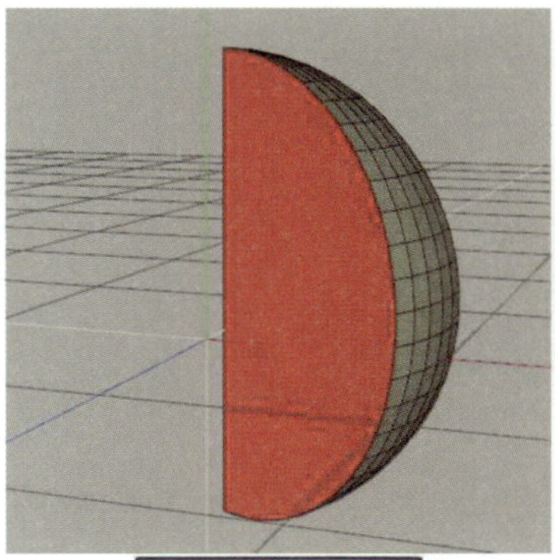

30˚

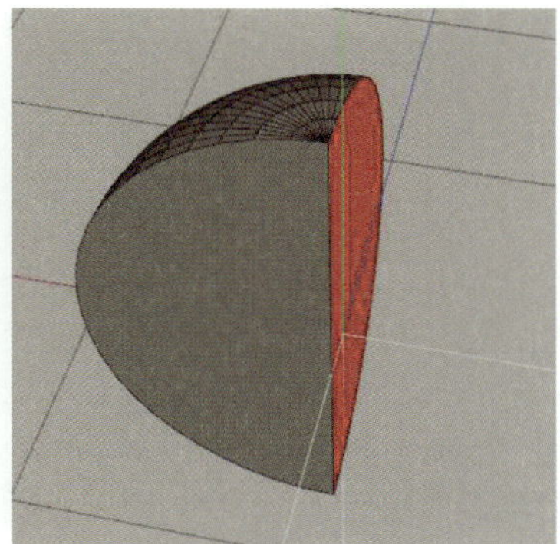

90˚

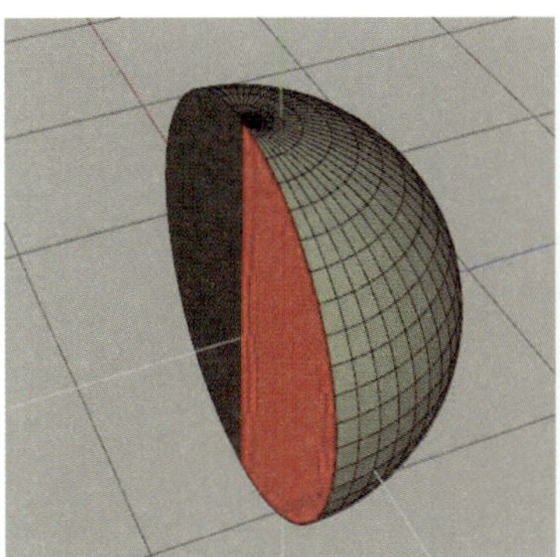

180˚

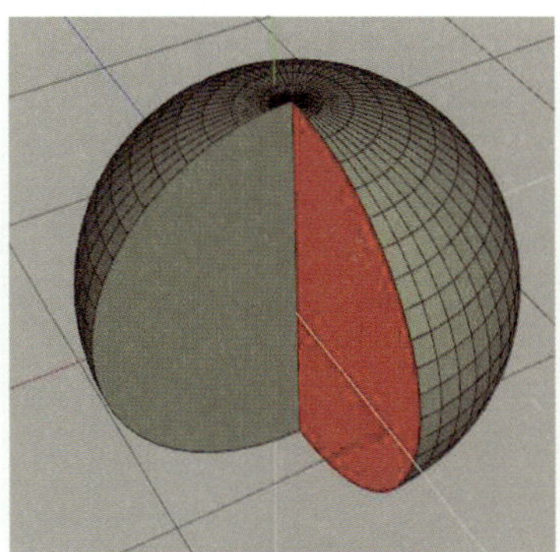

270˚

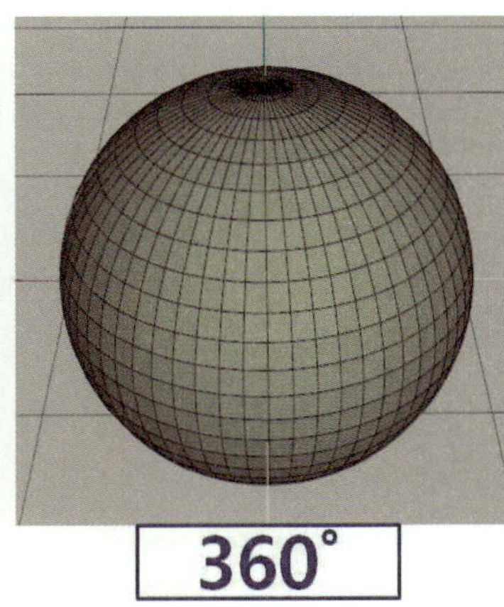

360˚

⑦ 반원을 회전시켜 구를 완성한다.

## 4) 육각형을 회전시키면 어떤 모습이 될까요?

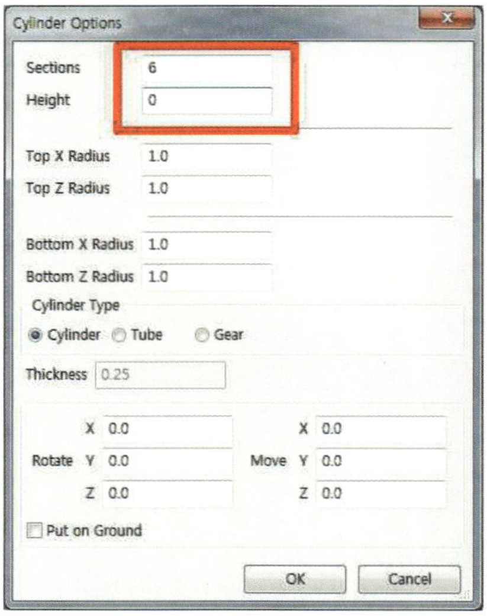


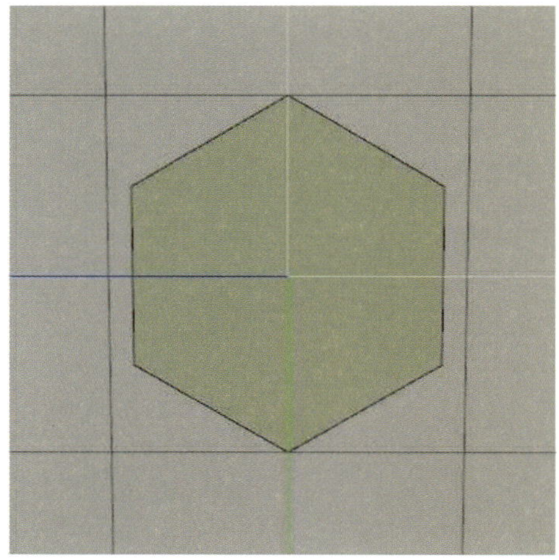

① 메인화면 – 클릭하여 선택 메뉴에서 Cylinder 우측의 모양을 클릭하면 Cylinder Options 창이 나타난다. 나타난 창에서 Sections=6, Height=0 값을 입력하고 OK를 클릭하여 육각형을 생성한다.

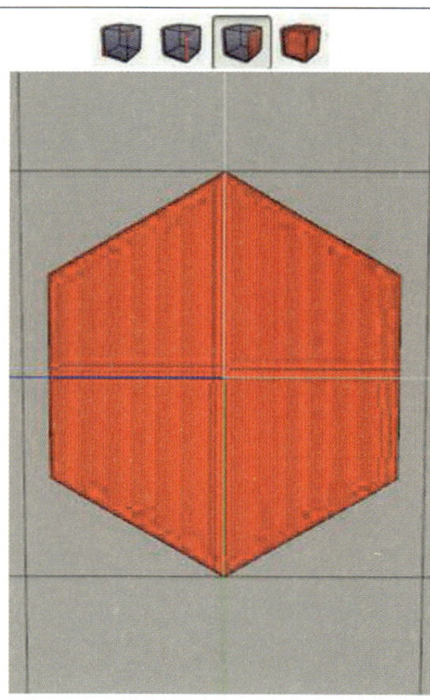

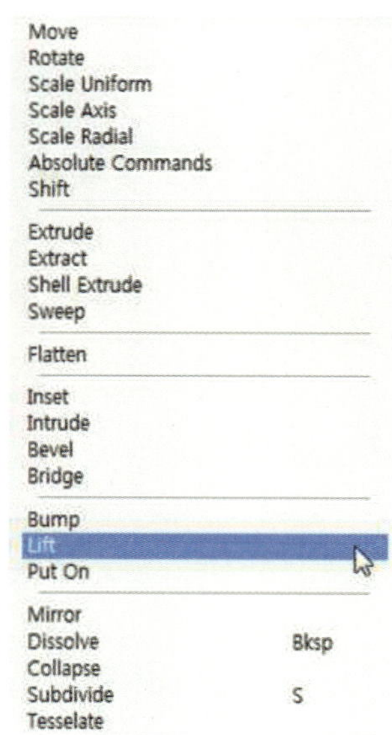


② Face(면)[F] 선택 모드로 육각형을 선택하고 클릭 – 메뉴에서 Lift를 선택한다.

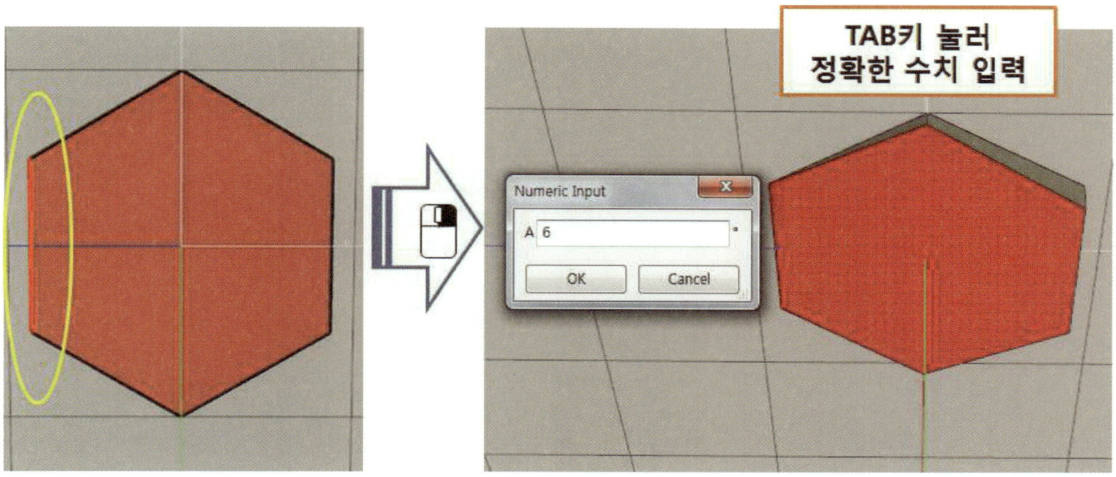


③ 회전축을 선택한다.

클릭을 한 상태에서 [Tab] 키를 눌러 회전하는 최소 각도(6)를 입력한다.

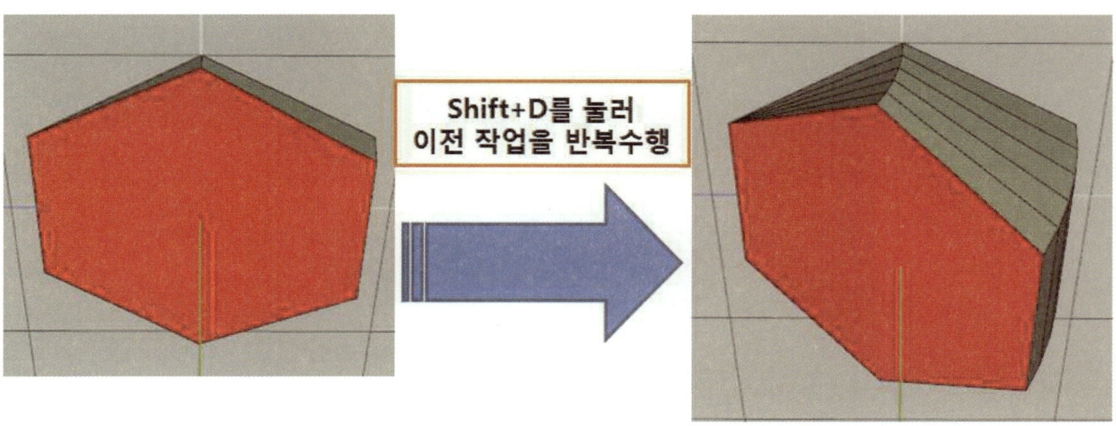


④ [Shift+D] 키를 이용해 6도씩 단계적으로 회전시킨다.

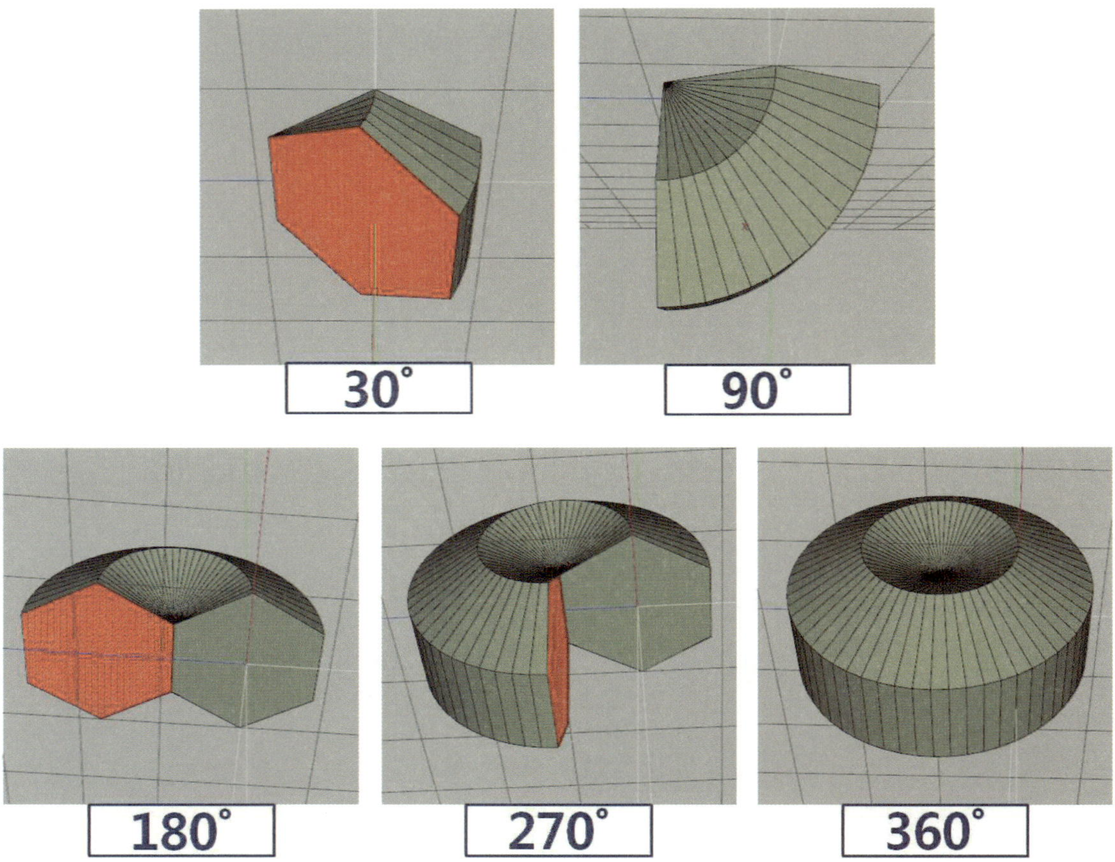


⑤ 육각형을 회전시켜 회전체를 완성한다.

# ⊙ 색인

(ㄱ)
객체 79
객체 만들기 42
객체 선택 16
객체의 선택과 해제 44
겉넓이 99, 101, 105
겉넓이 구하기 102
겨냥도 57
구 56, 124, 127
기본 시점 12

(ㄴ)
내부전개도 81, 85, 89

(ㄷ)
도구 29
도움말 34
둘레 99
둘레길이 101

(ㄹ)
렌더링 10

(ㅁ)
메뉴바 8
메인화면 8
면의 개수 101
모서리 개수 101
모서리 길이 98
모서리 색상 65

(ㅂ)
반원 125
부피 99, 101
부피 구하기 110

(ㅅ)
사각기둥 51
사각뿔 54
삼각기둥 50
삼각뿔 53, 73
상태바 8
선택모드 43
시점 11

(ㅇ)
아이콘바 8, 36
오각기둥 51, 82
오각뿔 54
외접원 50
원기둥 52, 86, 116, 119
원뿔 55, 78, 120
육각기둥 52
육각형 128
윤곽선 58
입체도형 만들기 48
입체도형 전개도 60

(ㅈ)
전개도 59, 60, 70
전개도 회전시키기 70
점의 개수 101
정육면체 49, 60
직교관측 13
직교뷰 39
직삼각형 121
직육면체 48, 63, 90, 102, 110

(ㅊ)
창 31
최소각도 118

(ㅍ)
파일 관리 10
편집 11

(ㅎ)
회전체 만들기 116
회전축 117, 126, 129

(A)
Adjacent 24
All 27
AutoUV 61
AutoUV Segmenting 60, 61

(B)
Background창 61
Body 79

(C)
Connect 30, 124
Create Texture 84
Cylinder 50

(D)
Deselect 17
Draw Edges 67
Draw Faces 67
Draw Options 61

(E)
Edge Loop 22
Edges 25
Edge모드 17
Edit 11

(F)
Face 모드 18, 21
Faces 26
File 10
Frame 14

(G)
Geometry Graph 32

(H)
Height 50
Help 34
Hide Selected 28
Hide Unselected 28
Highlight Aim 14

(I)
Icon Bar 36
Inverse 28

(L)
Less 18
Lock Unselected 28

(M)
More 17

(N)
New Geometry Window 33

(O)
Object모드 22
Orthographic view 13
Orthographicview 39
Outliner 31

(P)
Palette 32
Put on Ground 29

(R)
Radial 56
Radius 50

(S)
Scene Info 29
Sections 50, 56
Select 16
ShowEdges 12
Similar 19
Slices 56
Slice기능 100, 110
Stable Release 2.1.5 1

(T)
Toggle 버튼 38, 40
Tools 29

(U)
Unfolding 84
Unitize 30
UV Mapping 68

(V)
Vertex모드 17
Vertices 24
View 11
View Along 15

(W)
Window 31
Wings3D 2
Wireframe 12, 57
Workmode 13, 38

이 책은 국립 안동대학교 LINC+사업단의 지원을 받아 제작되었습니다.

난 알아요!

3D로 배우는 신나는 입체도형

지은이 김종성, 박주현
펴낸이 조경희
펴낸곳 경문사
펴낸날 2019년 6월 20일 1판 1쇄
등 록 1979년 11월 9일 제313-1979-23호
주 소 04057, 서울특별시 마포구 와우산로 174
전 화 (02)332-2004 팩스 (02)336-5193
이메일 kyungmoon@kyungmoon.com
facebook facebook.com/kyungmoonsa

값 9,000원

ISBN 979-11-6073-272-6